# 水利工程施工现场监理机构工作概要

蔡松桃　主编

黄河水利出版社
·郑州·

**图书在版编目(CIP)数据**

水利工程施工现场监理机构工作概要/蔡松桃主编.
郑州:黄河水利出版社,2018.6 (2019.7 重印)
ISBN 978 - 7 - 5509 - 2055 - 2

Ⅰ.①水…  Ⅱ.①蔡…  Ⅲ.①水利工程 - 工程施工 -
施工监理  Ⅳ.①TV512

中国版本图书馆 CIP 数据核字(2018)第 128114 号

组稿编辑:杨雯惠  电话:0371 -66020903  E-mail:yangwenhui923@163. com

出 版 社:黄河水利出版社
      地址:河南省郑州市顺河路黄委会综合楼14层      邮政编码:450003
发行单位:黄河水利出版社
      发行部电话:0371 -66026940、66020550、66028024、66022620(传真)
      E-mail:hhslcbs@ 126. com
承印单位:虎彩印艺股份有限公司
开本:787 mm×1 092 mm  1/16
印张:12.5
字数:289 千字
版次:2018 年 6 月第 1 版          印次:2019 年 7 月第 2 次印刷

定价:38.00 元

# 《水利工程施工现场监理机构工作概要》 编写委员会

主　　编：蔡松桃

主　　审：雷存伟　杨秋贵

编写人员：(排名不分先后)

苏保国　张金鹏　赵向锋　宋清武　苏浩极

李陆明　李秀灵　崔洪涛　蔡　毅　陈　芳

李伟亭　赵梦霞　何向东　孙建立　杨青杰

程　超　史传祥　宋贤华　孟凡仓　刘青依

张冠营　李　强　邹亚楠　王志和

主持单位：河南省水利科学研究院

河南科光工程建设监理有限公司

# 前　言

　　本书编写人员近年来先后参与了南水北调中线一期工程总干渠（安阳段、新乡段、郑州段）、河南省人民胜利渠灌区续建配套与节水改造项目2014年度工程、河南省出山店水库工程等水利工程建设项目的监理工作，为总结经验教训、提高项目管理水平，编写了本书。

　　本书以现场监理机构工作为切入点，分别梳理叙述了现场机构设置、体系建设与方案审批、原材料中间产品检验和质量控制、施工过程质量控制要点、合同管理与资金控制等内容，既是现场监理机构工作要点，也是项目管理所需，以期对从事水利工程项目施工管理的同仁有所帮助。

　　现场机构设置从监理依据、监理人员进场、监理工作制度建设、质量监督的内容与权限，以及需要质量监督机构确认的相关内容几个方面进行了叙述；体系建设与方案审批主要论述了承包人保证体系、监理机构控制体系的建设，技术方案的分类及审批权限，收录了部分典型工程类型的监理实施细则；原材料中间产品检验和质量控制依据现行施工规范、试验规程叙述了水利工程主要原材料、中间产品的检验方法和控制标准；施工过程质量控制要点主要论述了土方工程施工、混凝土工程施工质量控制；合同管理与资金控制主要介绍了合同管理、变更索赔管理、施工组织管理等。

　　受编写人员的学术水平、知识结构所限，书中难免有不当和错误之处，恳请读者批评指正。

编　者

2018年4月

# 目　录

# 第 1 章　现场机构设置

## 1.1　监理机构设置

### 1.1.1　监理依据

监理单位应遵守国家法律、法规和规章,遵守招标文件、施工图纸、批复的设计变更及其相关技术要求,在监理合同授权范围内独立、公正、诚信、科学地开展监理工作,全面履行监理合同的职责和义务,同时自觉、主动接受水利工程建设项目行政主管部门、流域机构或其授权的质量监督机构的质量监督和管理。水利工程施工监理应以下列文件为主要依据:

(1)国家和国务院水行政主管部门有关工程建设的法律、法规和规章。

(2)水利工程部分工程建设标准强制性条文。涉及能源、交通、建筑工程其他行业的建设项目应采用相应的工程建设标准强制性条文。

(3)经批准的工程建设项目设计文件。

(4)监理合同、施工合同等合同文件,包括招标文件、投标文件、施工图纸、批复的设计变更及其相关技术要求。

### 1.1.2　人员进场

监理单位应按照监理合同的约定组建现场监理机构,配置满足工作需要的各类、各级监理人员及时进场开展监理工作。现场监理机构的组建,既是建管单位、质量监督单位检查的重点,也是监理单位履行监理合同的重要组织保证、展现监理单位实力的窗口,同时是监理单位诚信履约的重要体现。

投标阶段监理单位根据监理招标文件对工程内容的理解,编制了人员进场计划。监理机构进场后,总监理工程师应组织主要监理人员,进一步熟悉施工招标文件、投标文件、施工图纸、施工组织设计、施工总进度计划,依据工程建设内容和工程建设进展情况完善人员进场计划。需要调整监理人员时,应积极主动与建管单位协商一致,并报建管单位批准,履行人员变更手续。

现场监理机构应收集本单位营业执照、资质等级证书复印件,现场监理人员资格证书复印件并盖单位公章存档,以备各级各类检查。

监理机构应将总监理工程师、副总监理工程师和其他主要监理人员的分工、职责和授权范围以监理报告单的形式报送建管单位,并以监理通知的形式通知承包人,便于工作协调。

### 1.1.3　监理机构的职责与权限

监理机构的职责与权限在监理合同中应予以明确和授权,作为监理机构开展监理工作的依据。《水利工程施工监理规范》(SL 288—2014)规定监理机构基本的职责和权限包括:

(1)审查承包人拟选择的分包项目和分包人,报发包人审批;

(2)核查并签发施工图纸;

(3)审批、审核或确认承包人提交的各类文件;

(4)签发指示、通知、批复等监理文件;

(5)监督检查现场施工安全,发现安全隐患及时要求承包人整改或暂停施工;

(6)监督检查文明施工情况;

(7)监督检查施工进度;

(8)检验承包人申报的原材料、中间产品的质量,复核工程施工质量;

(9)参与或组织工程设备的交货验收;

(10)审核工程计量,签发各类付款证书;

(11)审批施工质量缺陷处理措施计划,监督检查施工质量缺陷的处理情况,组织施工质量缺陷表的填写;

(12)处置施工中影响工程质量和安全的紧急情况;

(13)处理变更、索赔和违约等合同事宜;

(14)依据有关规定参与工程质量评定,主持或参与工程质量验收;

(15)主持施工合同履行中发包人和承包人之间的协调工作;

(16)监理合同约定的其他职责和权限。

### 1.1.4　监理工作制度

《水利工程施工监理规范》(SL 288—2014)对监理工作制度有明确规定,现场监理机构应在此基础上结合工程项目具体情况细化完善,明确责任、明确要求。

#### 1.1.4.1　施工图纸会审、设计交底制度

(1)工程项目在开工前应及时进行图纸会审和设计技术交底,各专业监理人员必须参加。

(2)监理机构收到施工图纸后,应立即组织各专业监理技术人员熟悉设计意图和施工图纸内容,并认真做好记录。

(3)经与建管单位、施工单位协商确定图纸会审时间后,通知有关单位参加。

(4)监理人员应认真记录图纸会审内容,对提出的疑问,应得到设计单位的明确答复;不能明确的要确定答复时间,在答复期限内设计单位提交正式答复文件。

(5)图纸会审后,监理机构应将图纸会审记录以书面形式发至各有关单位,并签发施工图纸。

#### 1.1.4.2　施工组织设计(技术文件)审核、审批制度

(1)施工单位必须完成施工组织设计(技术方案)的编制及自审工作,并填写施工技

术方案申报表,报送监理机构。

(2)总监理工程师应在约定时间内,组织专业监理工程师审查,提出审查意见后,由总监理工程师或授权其他监理工程师审定批准;需要施工单位修改时,签署书面意见,退回施工单位修改后再报审,重新审定。

(3)已审定的施工组织设计(技术方案)由监理机构报送建管单位。

(4)施工单位应按审定的施工组织设计(技术方案)文件组织实施。若需对其内容做较大变更,应在实施前将变更内容书面报送监理机构重新审定。

### 1.1.4.3　开工审批制度

施工单位按照合同工程开工通知(JL01)完成各项施工准备工作后,应同时提交合同工程开工申请表(CB14)和分部工程开工申请表(CB15)。由总监理工程师组织、监理工程师参加,对施工单位施工准备工作逐项检查,并检查施工组织设计(施工方案)落实情况。具备开工条件时,经与建管单位协商,由总监理工程师签发开工申请批复并报送建管单位。

### 1.1.4.4　进度监督报告制度

(1)各专业监理工程师、分管项目监理工程师应根据审批的总进度计划和年度施工进度计划,对实施情况进行检查分析;监理机构应对进度目标实现进行风险分析,采取防范性措施。

(2)当符合计划进度时,施工单位应按月分阶段编制下一期进度计划;当实际进度滞后时,监理机构应书面通知施工单位采取纠偏措施,并监督实施。

(3)当实际进度严重滞后于计划进度时,由总监理工程师与建管单位商定采取进一步措施。

(4)因不可抗力或非施工单位因素造成施工进度计划不能完成时,总监理工程师应根据施工现场实际情况,经与建管单位协商,指令施工单位重新编制施工进度计划,对原计划进行调整后报总监理工程师审批。

### 1.1.4.5　测量检验制度

由测量专业监理工程师负责,对施工单位的测量人员资质、器具校验、控制测量成果、施工测量放样成果、工程计量测量成果进行检查、检验和审批。

### 1.1.4.6　分包单位资格审查制度

(1)施工合同明确规定主体工程严禁分包,监理人拒绝承包人的主体工程分包申请;施工合同中未限制分包的附属工程,监理机构必须对分包项目、分包单位的资格进行审查。

(2)分包工程开工前,专业监理工程师应审查承包单位报送的分包单位资格及其他有关资料,符合有关规定的,由总监理工程师予以签认并报建管单位审核批准。

(3)对分包单位资格审核包括:分包单位的营业执照、企业资质等级证明,特殊行业施工许可证;分包单位的业绩;拟定分包工程的内容和范围;专职管理人员和特殊作业人员的资格证、上岗证等。

### 1.1.4.7　设备和构配件进场检验制度

(1)设备、构配件进场使用前,必须严格按照有关规定认真组织进场验收。

（2）设备、构配件进场时，监理机构组织相关单位依照相关质量验收规范规定，认真查阅出厂合格证、质量合格证明及产品性能指标等文件，证物对应，查验合格，允许进场。

（3）设备、构配件按规定需要进行见证取样或送检的，应取样送检，凡不符合要求的不予签认。

（4）未经监理工程师签字，设备、构配件不得在工程上使用或者安装，施工单位不得进行下一道工序的施工。

### 1.1.4.8　原材料、中间产品质量检验制度

（1）凡用于工程施工的原材料（包括水泥、粗骨料、细骨料、粉煤灰、外加剂、止水、钢筋、伸缩缝填充料等）及中间产品，均应按照相关规范规定取样检测，平行检测的比例应符合监理规范及监理合同的相关规定。

（2）见证取样送检由施工单位委派送检员在监理人员的见证下，按有关技术标准（规定）抽取试验样品，送检人和见证人对试件的代表性和真实性负责。由施工单位自备实验室完成试验的，监理跟踪试验过程；由第三方实验室完成试验的，样品共同送达。

（3）见证送检时，送检人、见证人办理有关手续。

（4）监理机构、施工单位有关人员，对试验检测结果不得弄虚作假。

### 1.1.4.9　变更处理制度

（1）监理合同未对监理机构授权变更权限时，任何变更均应报建管单位批复后，由总监理工程师签发变更指示（JL12）。

（2）设计单位提出的工程变更，应编制设计变更文件；其他参建单位提出的工程变更，应提交变更申请报告，监理机构、设计单位、建管单位审查同意后，由建管单位转交设计单位编制设计变更文件。

（3）施工单位根据变更指示，提交变更项目价格申报表（CB27）。

（4）监理机构合同管理工程师，依据施工合同相关条款对工程变更的单价、费用和工期进行审核，总监理工程师签署变更项目价格审核表（JL13）；建管单位与施工单位协商一致后，签署变更项目价格/工期确认单（JL14）。

（5）监理机构应监督施工单位工程变更项目的实施，按变更项目实际完成工程量计量支付。

### 1.1.4.10　工程索赔签审制度

（1）熟悉合同条款，明确参建各方的权利、义务。

（2）协助建管单位，严格按合同约定办事，避免索赔事件发生。

（3）索赔事件一旦发生，严格按照索赔程序处理，严格履行索赔事件发生过程中的签认手续。

（4）为减少事件中的费用、工期索赔损失，与建管单位协商采取必要措施，并监督实施。

（5）协助建管单位处理好索赔争议。

### 1.1.4.11　工程计量支付签证制度

（1）施工单位按照月计量支付截止日期，提交工程进度付款申请及其相关附表（CB33）。

（2）现场监理工程师应认真审核,签认已完成且工程质量评定合格的工程量。

（3）合同管理工程师按照工程量清单项以及承包合同规定的工程付款方法,审核月支付工程价款。

（4）总监理工程师签发工程进度付款证书及其附表(JL19)。

#### 1.1.4.12 旁站制度

（1）施工过程监理旁站部位,需上报建管局批复。

（2）监理人员对关键部位、关键工序等质量见证点施工过程进行旁站监理,同时做好见证取样工作。

（3）旁站监理按照旁站记录要求认真填写,包括复测和检测试验数据,材料供应情况,人员、机械投入和运行情况,施工过程描述等。

（4）旁站过程中,对发现的问题要随时予以纠正,对问题及处理结果一并记录。对发生的工程质量缺陷应通知施工单位,按照缺陷处理程序处理,进行复验签认。

（5）旁站记录必须现场填写,施工单位现场负责人签字。

#### 1.1.4.13 工程质量检验制度

（1）监理工程师在检查过程中发现的一般质量问题,应随时通知施工单位及时改正,并做好记录。

（2）对违反规范、规定及不符合批准的施工方案、施工工艺的行为,监理工程师可发出整改通知(JL11)限期改正。如施工单位不及时改正,可能危及施工安全,造成质量隐患的较严重情节,监理工程师可报告总监理工程师,经发包人批准,签发暂停施工指示(JL15)。待整改后,施工单位提交复工申请报审表(CB23),监理机构复验合格后,发出复工通知(JL16)。

（3）工序、单元工程完工经自检合格后,施工单位填写工序、单元工程施工质量报验单(CB18),经监理工程师现场查验后,核定相应的质量等级。重要隐蔽和关键部位工序质量,由监理部组织相关参建单位联合验收、联合评定质量等级。

#### 1.1.4.14 平行检测制度

（1）工序、单元工程质量检验(包括重要隐蔽、关键部位等重要工序)严格按照《水利水电工程单元工程施工质量验收评定标准》(SL 631~639)、有关施工规范的规定进行平行检测。

（2）平行检测应独立进行。

（3）对平行检测中发现的问题,及时发出整改指令,限期整改。

（4）监理工程师依据平行检验、检测结果,对工序、单元工程质量等级进行评定。

#### 1.1.4.15 工程质量评定制度

（1）工序、单元工程质量在施工单位自评合格后,监理工程师依据平行检测结果,审查施工单位自评资料,对工序、单元工程质量等级进行审核、评定。

（2）重要隐蔽及关键部位单元工程质量经施工单位自评、监理机构抽检合格后,由建管、监理、设计、施工、运行管理等单位组成联合小组,共同检查核定其质量等级并填写签证表,报质量监督机构核备。

（3）分部工程质量评定,在施工单位自评合格后,由监理单位监理工程师或总监理工程师复核,项目法人认定。一般分部工程质量等级报监督站核备,重要分部工程质量等级报监督站核定。

（4）单位工程质量评定,在施工单位自评合格后,由监理单位总监理工程师复核,项目法人认定,由项目法人报质量监督机构核定。

### 1.1.4.16　质量事故处理制度

（1）及时、全面收集有关资料。

（2）根据事故调查报告、实地勘察结果和确认的事故性质,参与研究、制订处理方案,必要时报请有关部门批准。

（3）处理方案的实施可由原施工单位完成,也可委托有特殊处理经验的单位来完成,监理机构对实施过程予以监督。

（4）事故处理后,严格按照有关施工验收规范的规定进行检查验收。必要时通过检测手段获取数据,验证处理效果。

（5）提交事故处理报告。

### 1.1.4.17　施工现场紧急情况处理制度

（1）若发生质量事故,现场监理应视具体情况采取停止施工或补救加强等措施,并做好记录。及时通知总监理工程师、建管单位及相关部门,以便做出处理决定。

（2）若发生安全事故,现场监理应配合施工单位做好人员抢救和财产保护工作,设立安全警戒区域,并做好安全记录。及时通知总监理工程师、建管单位及相关安全部门,协助有关部门按照事故处理程序,做好调查取证、事故分析、处理决定等工作。

（3）因不可抗力造成工程现场任何形式的损害,监理工程师应协助施工单位采取措施,防止损害进一步扩大,做好详细记录,及时通知总监理工程师、业主及相关部门,以便妥善做出处理。

### 1.1.4.18　监理日志制度

（1）监理日志必须详细、真实、准确、完整地记录当天发生的事情。

（2）各监理工作组、各专业监理工程师根据需要记录专业监理日志。

（3）监理日志由专人负责整理,现场监理人员主动向日志负责人提供巡视、检查、检测、旁站等信息。

### 1.1.4.19　监理报告制度

监理机构应及时向建管单位提交监理月报或监理专题报告;在工程验收时,提交监理工作报告;在监理工作结束后,提交监理工作总结报告。

### 1.1.4.20　会议制度

（1）第一次工地会议。由总监理工程师或总监理工程师与建管单位联合主持召开,会议内容包括工程开工准备情况、参建各方沟通相关信息、监理工作交底等。

（2）监理例会。定期组织召开监理例会,参建各方派代表参加,按照《水利工程施工监理规范》(SL 288—2014)议题汇报、检查、通报,议定事项形成会议纪要。

（3）专题会议。根据工作需要,由监理工程师或总监理工程师主持召开,包括施工技术、施工方案、安全生产、文明施工等方面需要专题研究的事项。

（4）监理内部会议。总监理工程师主持,研究、部署监理工作,内部会议一般每月召开一次。

### 1.1.4.21　巡视制度

（1）总监理工程师巡视检查，主要包括监理人员工作开展情况、工程实施进展情况、需要协调的工作、跟踪检查问题整改落实情况。

（2）现场监理巡视检查，内容包括人员、材料、施工设备动态，主要施工内容，问题处理措施、处理效果。

（3）对于巡视发现的问题，应指令有关方面及时整改。确需研究决定的或需进一步协调的工作可利用监理例会、专题会议等方式，对发现问题做出处理，以及对下一步工作做出安排。

### 1.1.4.22　发文审批制度

（1）监理机构对外发出任何指示或通知，必须按照监理规范的规定由总监理工程师或监理工程师签发。凡涉及工程变更与量价有关的指示或通知，由总监理工程师签发。

（2）所有发出的文件必须要由双方经手人签字，并由资料员归档保存。

（3）对需要收文单位回复的文件，资料员应及时提醒监理工程师督促对方回复。

### 1.1.4.23　监理档案管理制度

（1）档案管理工作由监理机构指定专人统一管理。

（2）制定档案管理实施细则，包括资料归档的内容、档案组卷方法、档案资料的日常管理、档案资料的出入库登记等。

（3）监理档案的验收、移交和管理。工程竣工前须通过档案管理部门验收，并在监理机构退场前将工程档案向委托人办理移交手续。

（4）由总监理工程师负责，于工程竣工验收后三个月内将其余的监理档案送公司总工程师审阅，并与档案管理人员办理移交手续。

### 1.1.4.24　文函处理制度

（1）凡外来公文、重要电报、信函，一律纳入统一编号登记，并填写文书处理单，分转有关人员阅办。已处理完毕的公文，应及时返回，及时归档。

（2）严格公文程序和文字标准格式，公文用词用字要准确、规范，撰写文稿、修改、签署一律用碳素墨水笔。

### 1.1.4.25　紧急情况报告制度

当施工现场发生紧急情况时，监理机构应立即指示承包人采取有效紧急处理措施，并向发包人报告。

### 1.1.4.26　工程建设标准强制性条文（水利工程部分）符合性审核制度

监理机构在审核施工组织设计、施工措施计划、专项施工方案、安全技术措施、度汛方案和灾害应急预案等文件时，应对其与工程建设标准强制性条文（水利工程部分）的符合性进行审核，并对其执行情况进行监督检查。

## 1.1.5　监理机构内部管理制度

监理机构受监理单位委派，全面履行监理合同授权范围内的各项义务和职责。各级监理人员的言行不仅是个人素质和能力的展示，更重要的是通过个人的履职行为和职业操守,体现监理单位的组织、管理、协调、控制能力和水平。监理机构各级监理人员必须恪尽职守、规范履职行为。

内部管理制度依据监理规范、监理合同及项目法人(建管单位)有关文件制定,由总监理工程师签发执行。

### 1.1.5.1　监理职业准则

(1)监理人员须自觉提高政治觉悟、端正思想,运用现代科技知识及先进的项目管理手段,为建设项目提供优质高效的服务。

(2)努力钻研业务,学习有关技术文件,熟悉合同、规范、图纸和相关技术标准。处理问题客观公正,以数据、事实为依据,以文字为载体,以规范技术要求为标准。

(3)尊重科学,严谨求实,公平公正,廉洁奉公,遵守法律、法规和规定。

(4)严守合同,科学监督,精心组织,做好协调工作。

(5)相互交流,总结经验,不断提高监理水平,尽职尽责,积极主动地开展监理工作。

### 1.1.5.2　监理人员行为准则

(1)遵守有关法律、法规,尊重地方风俗习惯,遵守各项监理工作制度,服从领导和管理,坚持科学、求实、严谨的工作作风,做到遵纪守法、尽职尽责、公正廉洁,热情地为工程建设服务。

(2)监理人员必须努力钻研业务,熟悉工程合同文件,熟悉设计文件,熟悉技术规程、规范和质量检验标准,熟悉监理实施细则和监理工作文件,熟悉施工环境和各种外部条件,认真履行职责,促使业务工作能力和监理水平的不断提高。

(3)监理人员要与工程建设有关各方密切协作,深入施工现场了解和掌握工程施工第一手资料,在授权范围内正确地履行职责和义务,及时发现问题和解决问题。

(4)监理人员无权自行变更和修改设计。对确因施工条件变化导致设计文件必须做局部调整、变更与修改时,应及时向监理机构反馈信息,以便及时按程序做出处理决定。

(5)监理人员不得在施工单位中担任任何职务,不得收受承包人礼品,不得徇私舞弊、收受贿赂。除监理工作联系外,不得与承包人及材料、工程设备供货人有其他业务关系和经济利益关系。不得参与有损工程建设监理工作或监理机构声誉的任何活动。

(6)提高监理服务意识,增强责任感,加强与工程建设有关各方的协作,积极主动开展工作,尽职尽责,公正廉洁。

(7)不得泄露与本工程有关的技术和商务秘密。

(8)不得出卖、出借、转让、涂改、伪造资格证书或岗位证书。

(9)监理人员只能在一个监理单位注册。未经注册单位同意,不得承担其他监理单位的监理业务。

(10)监理人员离岗或退场,应依据监理单位及监理机构规定办理有关手续,并在做好交接工作后方可离岗。

(11)与相邻标段的其他监理机构人员友好合作、相互尊重,共同在建管单位的领导下开展监理工作。

### 1.1.5.3　监理人员管理制度

为保证监理工作的顺利开展,提高监理人员的道德修养,树立良好的职业形象,实现工程的"三个安全",保持监理队伍的廉洁性,圆满履行监理合同,监理机构全体人员必须严格遵守监理人员管理制度。

（1）严禁在施工、设备制造、供货单位安排亲友从事包工、经营活动。

（2）不得以任何借口收受施工、设备制造、供货单位的任何礼品和有价证券。

（3）严禁对承包人、供货单位吃、拿、卡、要,或将个人消费转移报销。

（4）监理机构全体人员都有权利和义务制止、举报其他监理人员的不当行为。

（5）严禁接受承包人大吃大喝或参加营业性高消费的娱乐活动。

（6）不得在本工程的施工、设备制造、材料供应等单位任职,不得参与施工、设备制造和材料、构配件供应单位的合伙经营活动。

（7）监理人员严禁参与赌博、打架斗殴等活动。

对以上违禁事件一经发现,监理机构将视情节轻重,给予当事人批评教育,直至解除劳动关系。

### 1.1.5.4 工作及生活秩序管理规定

为了树立良好的精神风貌,监理人员必须遵守以下规定:

（1）保持办公区及生活区清洁卫生。办公室办公用品、书籍和资料归类摆放,整洁卫生;宿舍内物品摆放整齐,清洁卫生。

（2）禁止在室内外乱贴、乱画,乱扔烟头、纸屑和乱倒茶叶等;禁止随地吐痰;禁止向卫生间洁具内乱扔烟头、纸屑等。

（3）上班时间着装整洁,在办公场所禁止穿短裤、背心和拖鞋。

（4）进入施工区,佩戴安全帽,并遵守施工区及文明工地有关规定。

（5）无特殊情况,就餐人员不得喝酒,值班人员严禁喝酒。

（6）监理人员外出、休假必须请假。

（7）节约水电,做到室内无人要关闭电器设备。

（8）严禁违章私拉、乱接电线,保证用电安全。

### 1.1.5.5 交通车辆管理制度

（1）驾驶员须遵纪守法,加强业务知识、交通法规和安全常识的学习,不断提高技术技能。

（2）车辆外出前,检查机油、冷却水、车胎气压、转向灯、刹车灯。

（3）驾驶员须保持车辆的内外整洁。

（4）车辆进厂维修保养、更换配件,必须经总监理工程师批准。

（5）车辆按规定统一调度管理。

（6）严禁酒后驾车。

（7）未经批准,车辆不得随意外出。

（8）无驾照人员严禁开车。

### 1.1.5.6 劳动防护用品管理制度

劳动防护用品包括安全帽、防护鞋、防护手套、护肤用品等。为进一步规范劳保用品采购、发放、管理、使用,确保监理人员的人身健康和安全生产,根据有关规定,结合工程实际,制定本项制度,适用于监理人员的劳动防护用品的购买和管理。

（1）劳动防护用品由监理部统一购买。

（2）劳动防护用品的购买需由总监理工程师批准。

（3）劳动防护用品由驻地监理工程师根据需要申请,总监理工程师批准,统一采购、统一发放。

（4）由总监理工程师、副总监理工程师和驻地监理工程师对监理人员的劳动防护用品的使用和管理进行监督。

（5）进入施工现场的监理人员,必须穿戴好防护用品和必要的安全防护用具,严禁穿拖鞋、高跟鞋或赤脚工作。

#### 1.1.5.7　公共物品使用管理制度

（1）要爱护办公桌椅、资料柜在内的公共物品。

（2）使用电话要控制通话时间,长话短说,不准用电话聊天。

（3）办公用品由监理部统一采购,采购前须报总监理工程师批准。

（4）公用物品使用后需交回的物品,应保质保量交回。若故意损坏、丢失,需照价赔偿。

（5）使用办公物品要节约,避免浪费。

（6）正确使用和操作办公机具设备,包括电脑、打印机、复印机、照相机、扫描仪等。

# 1.2　质量监督

## 1.2.1　质量监督的主要内容

根据《河南省水利工程质量监督规程》,质量监督机构监督的主要内容包括:

（1）复核勘测、设计、施工、监理、检测和有关产品制作单位的资质;监督检查派驻现场机构人员的资格及投标承诺人员到位情况。

（2）监督检查项目法人的质量管理体系、监理单位的质量控制体系和施工单位(含金属结构与机电设备)的质量保证体系、勘测设计单位现场服务体系,以及检测单位质量保证体系等。

（3）确认工程项目划分和外观质量评定标准。

（4）监督检查参建单位的技术规程、规范和质量标准,特别是工程建设标准强制性条文的执行情况。

（5）监督检查工程质量检验与评定和法人验收情况,核定(核备)工程质量等级。

（6）工程阶段验收时,应提交工程质量评价意见;工程竣工验收时,应核定工程项目质量等级,提交工程质量监督报告。

## 1.2.2　质量监督权限

质量监督机构代表政府行使监督职能,对水利工程质量进行强制性监督管理,有关单位和个人对监督检查应当支持与配合,不得拒绝或阻碍质量监督人员依法执行职务。

质量监督人员有权进入施工现场对工程实体质量进行监督检查,调阅建设、监理和施工等单位的工程档案资料,主要包括工程设计、批复文件、招标投标文件、有关合同(协议)、设计变更文件、工程质量检验与评定资料、检测试验成果、检查记录、施工记录、抽检资料、有关报表等;有权对中间产品、水工金属结构、启闭机及机电等产品制造单位、检测单位等进行监督检查。

对违反技术规程、规范、质量标准或设计文件要求施工的,责成项目法人(现场管理机构)采取措施立即整改。问题严重时,可责令停工整顿,并向水行政主管部门报告,记入河南省水利水电施工、监理企业和个人信用不良行为档案。

对派驻现场机构及人员情况不符合规定要求的,责成项目法人(现场管理机构)限期整改,情节严重或逾期不改的向水行政主管部门报告,记入河南省水利水电施工、监理企业和个人信用不良行为档案。

对参建单位不具备相应从业资格的人员,责成项目法人予以清退;对参建单位不能胜任职务或不认真履行职责的人员,责成项目法人督促相关单位进行更换;对弄虚作假、有严重违规行为的,对责任单位及个人进行通报批评,并向水行政主管部门报告,记入河南省水利水电施工、监理个人信用不良行为档案;对造成较大以上工程质量事故的单位和个人,提请有关部门或司法机关追究其行政、经济、刑事责任。

对使用检验不合格的原材料、中间产品、水工金属结构、启闭机及机电等产品的,责成项目法人立即清除出场,并委托有资质的检测机构对已完成的工程实体质量进行全面检测,根据检测结论制订方案,进行整改,并将整改情况报质量监督机构备案。对相关单位及责任人向水行政主管部门报告,记入河南省水利水电施工、监理企业和个人信用不良行为档案。

对使用未经检验的原材料、中间产品、水工金属结构、启闭机等产品的,责成项目法人委托有资质的检测机构进行检验,对已完成的工程实体质量进行全面检测,根据检测结论制订方案,进行整改,并将整改情况报质量监督机构备案。

### 1.2.3 质量监督机构确认的相关内容

#### 1.2.3.1 项目划分确认

项目划分是水利工程施工开工前的一项重要准备工作,其单位工程、分部工程、单元工程(重要隐蔽或关键工序部位单元工程)的划分是否科学合理,对整个施工过程中的质量检查、评定以及工程验收、档案资料整理归档将产生重要影响,各参加单位应认真对待此项工作。根据《水利工程施工监理规范》(SL 288—2014),项目划分应由项目法人组织各参建单位开展落实此项工作,实际工程实践中一般由监理单位和施工单位在熟悉施工图纸、相关施工技术规范、《水利水电工程施工质量检测与评定规程》(SL 176—2007)、《水利水电建设工程验收规程》(SL 223—2008)的基础上,编制项目划分初稿,再由项目法人组织各参建单位共同研究商定,并报质量监督机构审核确认。

工程实施过程中,需对单位工程、主要分部工程、重要隐蔽单元工程和关键部位单元工程的项目划分进行调整时,项目法人应重新报送工程质量监督机构审核确认。

单元工程项目划分,由施工单位申报,监理机构审核批复,报项目法人(建管单位)批准后执行。单元工程项目划分可随工程进展,按照单位工程或分部工程分批分期申报。

《河南省水利工程质量监督规程》对项目划分质量监督程序进行了详细明确的规定，监理机构应积极配合项目法人（现场建管单位）完成该项工作：

（1）项目法人应在监督注册后 20 个工作日内，组织监理、设计及施工等单位进行工程项目划分，确定主要单位工程、主要分部工程、重要隐蔽单元工程和关键部位单元工程，并将项目划分表及说明送责任质量监督员初审。

（2）责任质量监督员应在 5 个工作日内完成初审，并将初审意见反馈项目法人。项目法人应根据初审意见，在 5 个工作日内对项目划分进行补充完善后，书面报质量监督机构。

（3）质量监督机构收到项目划分书面报告后，应在 10 个工作日内审核确认并书面通知项目法人，责任质量监督员应同时将项目划分确认情况告知项目法人。

### 1.2.3.2　外观质量评定标准确认

外观质量评定按规定应在单位工程验收前进行。工程实践中，有些工程实体随施工进展需要隐蔽（覆盖或掩埋），在单位工程验收前无法再次取得外观质量评定检测数据，监理机构应与项目法人（建管单位）、质量监督机构沟通、协商一致，提前对需要隐蔽的单位工程部位采集外观质量检测数据。单位工程隐蔽部位外观质量检测数据，由工程外观质量评定组负责采集，各方代表签字后书面报告项目法人，单位工程验收前一并组成外观质量评定的有效检测数据。

按照《水利水电工程施工质量检测与评定规程》（SL 176—2007）的规定，单位工程完工后，项目法人应组织监理、设计、施工及工程运行管理等单位组成工程外观质量评定组，现场进行工程外观质量检验评定，并将评定结论报工程质量监督机构核定。参加工程外观质量评定的人员应具有工程师以上技术职称或相应职业资格，评定组人数不少于 5 人，大型工程不宜少于 7 人。

水利水电工程外观质量评定，按工程类型分为枢纽工程、堤防工程、引水（渠道）工程、其他工程等四类。

《水利水电工程施工质量检测与评定规程》（SL 176—2007）附录中的外观质量评定表列出的某些项目，如实际工程中无该项内容，应在相应检查、检测项目的标准分栏内用斜线"/"表示；工程中有附录中未列出的外观质量项目时，应根据工程情况和有关技术标准进行补充，其质量标准及标准分应由项目法人组织监理、设计、施工等单位研究确定后报质量监督机构核备。

依据《河南省水利工程质量监督规程》，外观质量评定程序为：

（1）枢纽工程。项目法人应在项目划分确认后 15 个工作日内，组织监理、设计、施工等单位，根据工程特点（工程等级及使用情况）和相关技术标准，提出"水工建筑物外观质量评定表"中的评定项目、评定标准、评定办法，报质量监督机构确认。

（2）堤防工程。执行《水利水电工程施工质量检测与评定规程》（SL 176—2007）附录"堤防工程外观质量评定表"和"堤防工程外观质量评定标准"。

堤防工程较大交叉连接建筑物外观质量评定标准参见引水（渠道）建筑物工程外观质量评定标准中类似建筑物。

（3）引水（渠道）工程。明（暗）渠工程执行《水利水电工程施工质量检测与评定规程》(SL 176—2007)附录"明(暗)渠工程外观质量评定表"和"外观质量评定标准"。

引水(渠道)建筑物工程执行《水利水电工程施工质量检测与评定规程》(SL 176—2007)附录"引水(渠道)建筑物工程外观质量评定表"和"引水(渠道)建筑物工程外观质量评定标准"。

(4)其他工程。水利水电工程中的永久性房屋(管理设施用房)、专用公路及专用铁路等工程外观质量评定,应执行相关行业规定。水利水电工程中的房屋建筑工程执行《水利水电工程施工质量检测与评定规程》(SL 176—2007)附录"水利水电工程中的房屋建筑工程外观质量评定表"。

### 1.2.3.3　新增单元(工序)工程质量评定标准的批准确认

对"水利水电工程施工质量评定表"中未涉及的单元(工序)工程质量评定标准和表格,项目法人应组织监理、设计和施工单位,根据新技术、新工艺的技术规范、设计要求和设备生产厂商的技术说明书等,制定施工、安装的质量评定标准,并按照"水利水电工程施工质量评定表"的统一格式(表头、表尾、表身)制定相应质量评定表格(包括单元和工序表格)。

新增单元(工序)工程质量评定标准和表格应在实施前制定,经责任质量监督员初审后,项目法人书面报河南省水利水电工程建设质量监测监督站批准后执行。

### 1.2.3.4　重要隐蔽、关键部位单元工程质量评定核备

质量监督机构核备内容主要包括:重要隐蔽单元工程及关键部位单元工程、分部工程验收质量结论、临时工程质量检验与评定标准。

质量监督机构核定内容包括:大型枢纽工程主要建筑物的分部工程验收质量结论、单位工程外观质量评定结论、单位工程验收质量结论、工程项目质量等级。

项目法人向质量监督机构报送重要隐蔽(关键部位)单元工程质量核备资料。核备资料主要包括以下内容:

(1)重要隐蔽(关键部位)单元工程核查表。

(2)重要隐蔽(关键部位)单元工程质量等级签证表。

(3)单元工程施工质量报验单。

(4)单元工程质量评定及"三检"表等备查资料。

(5)监理抽检。

(6)测量成果,地质编录。

(7)检测试验报告(岩芯试验、软基承载力试验、结构强度等)。

(8)影像资料。

(9)其他资料(旁站资料、质量缺陷备案资料等)。

质量监督机构对重要隐蔽(关键部位)单元工程资料的核备意见分为不齐全、基本齐全、齐全三个档次。

# 1.3　项目部资源投入与检查

承包人进场后应积极开展工程建设项目的开工准备工作,监理机构要督促、检查项目

部组织机构建设、人力资源投入、机械设备投入等情况,具备开工条件后经与建管单位沟通及时签发合同工程开工通知(JL01)。

项目部一般由工程管理部、质量检验部、物资设备部、安全环境部、合同管理部、工地实验室、综合办公室等部门组成,根据工程建设项目的规模、特点可能会有所调整或合并。监理机构应根据施工单位投标文件,督促检查项目部组织机构建设。

人力资源投入,重点检查项目部各职能部门人员到位情况、人员组成,涉及施工安全的特种行业、特种设备的执业资格持证情况,如试验员、专职安全员、爆破人员、电工、电焊工、启重设备操作人员、起重信号工、大型施工设备操作人员、特种设备操作人员、易燃易爆危险品运输保管人员、垂直运输机械作业人员、安装拆卸工、登高架设作业人员等。

机械设备投入除根据进度计划检查进场设备的类型、数量外,重点检查启重设备、大型施工设备、特种设备的检验合格证明文件。重点检查工地实验室试验检测设备安装、调试和计量认证情况。

# 第 2 章　体系建设与方案审批

## 2.1　保证体系、技术方案审批

### 2.1.1　保证体系

工程建设项目开工前,承包人应根据建设项目的类型、规模、复杂难易程度,分别编制保证体系文件,报监理机构审批。保证体系文件一般包括质量保证体系、工程进度保证体系、投资控制保证体系、安全生产与文明施工保证体系、水土保持与环境保护保证体系等。

保证体系文件由以下基本内容组成:工程概况、标准和依据、组织机构、资源投入、措施和方法、制度建设等。

现场监理机构对承包人质量保证体系,按照《河南省水利工程质量监督规程》附录 B 表 B.4 的内容进行检查(见表 2-1),按照附录 B 表 B.2 的内容进行自查(见表 2-2)。

### 2.1.2　技术方案审批

#### 2.1.2.1　技术方案分类

按照技术方案的性质可分为以下几个类别:施工组织设计、进度计划、资金流计划、分部工程施工方案、专项施工方案、度汛方案和灾害应急预案等。

施工组织设计包括工程项目总体施工组织设计、单位工程施工组织设计。对单一工程可合并编写。施工组织设计按照《水利水电工程施工组织设计规范》(SL 303—2017)的相关要求编写。

进度计划包括工程建设项目施工总进度计划、施工年进度计划、施工月进度计划和专项工程施工进度计划。

分部工程施工方案按照质量监督机构批准的项目划分组织编写。

专项施工方案按照工程类别或专业类别编写,如土石方开挖、土石方填筑、建筑物混凝土施工、模板安装工程、临时用电方案、安全监测设备埋设与安装施工、脚手架安装与拆除方案、启重设备安装与拆除、爆破作业等。

度汛方案分年度编写,监理机构审核后报建管单位批复,并报工程项目所在地水行政主管部门(防汛办)审核备案。汛期自觉接受工程项目所在地水行政主管部门(防汛办)的统一调度和指挥,包括防汛物资、设备和人员。

灾害应急预案明确灾害类别,针对不同灾害等级编制相应的响应预案。

#### 2.1.2.2　技术方案的审批权限

《水利工程施工监理规范》(SL 288—2014)规定,以下技术方案由总监理工程师审批,不得授权副总监理工程师或监理工程师审批,包括施工组织设计、施工总进度计划、施工年进度计划、专项施工进度计划、资金流计划,以及按照有关安全规定和合同要求涉

## 表 2-1　施工单位质量保证体系检查表

施工单位：

| 检查项目 | 检查内容 | 检查情况 |
|---|---|---|
| 组织机构 | 施工资质 | 资质等级：_____　资质证书编号：_____<br>□符合要求　　　　　□不符合要求 |
| | 项目部组建 | 项目部成立文件：_____<br>内设部门名称：_____<br>共设____个部门<br>独立质检部门：□有　　　　　□无 |
| | 现场实验室 | 建立或委托情况：□建立　□委托　□未建立、无委托 |
| 施工人员 | 主要管理人员到岗情况 | 人员数量：共____人，其中工程师以上____人，助理工程师____人<br>人员情况：□满足工程需要　□不满足工程需要 |
| | 项目经理 | □未变更　□变更符合规定　□变更不符合规定 |
| | 技术负责人 | □未变更　□变更符合规定　□变更不符合规定 |
| | 质检机构负责人 | □未变更　□变更符合规定　□变更不符合规定 |
| | 质检人员 | 到岗____人，持质检证____人<br>持证情况：□全部持证　□部分持证　□无持证人员 |
| | 关键岗位人员 | 到岗____人，持证____人<br>人员情况：□满足工程需要　□不满足工程需要 |
| 工地实验室 | 有工地实验室 · 仪器设备进场情况 | 主要仪器设备：_____<br>是否满足施工试验需要：□满足　□基本满足　□不满足 |
| | 有工地实验室 · 进场仪器检定情况 | 主要仪器设备数量____，其中检定仪器设备数量____，未检定仪器设备数量____<br>□符合规定　　　　　□不符合规定 |
| | 有工地实验室 · 检测人员 | 共____人，持证人员：____人，其中量测类____人，岩土类____人，混凝土类____人，机电类____人，金属结构类____人<br>专业类别：□满足要求　□基本满足要求　□不满足要求 |
| | 无工地实验室 | □委托第三方检测协议　□没有委托第三方检测 |
| 机械设备 | 机械设备进场情况 | 进场施工设备的数量、规格、性能是否满足施工合同的要求：<br>□满足　□基本满足　□不满足 |
| | 报验情况 | □报验　　□未报验 |
| 质量保证规章制度 | 岗位责任制建立情况 | 共____个，包括_____<br>□完善　　　　　□基本完善　　　　　□不完善 |
| | 工程质量保证制度建立情况 | 共____个，包括_____<br>□完善　　　　　□基本完善　　　　　□不完善 |
| | 采用的规程、规范、质量标准情况 | □有效　　　　　□部分无效 |
| | "三检制" | 制定情况：□按规定制定　□未按规定制定　□未制定 |
| | 施工技术方案 | 申报情况：□已申报　　　　　□未申报 |
| | 技术工人技术交底情况 | 进行情况：□按要求进行　　　　　□未按要求进行 |
| 监理单位检查意见： | | 检查人：(签名)<br>　　年　　月　　日 |
| 项目法人复查意见： | | 复查人：(签名)<br>　　年　　月　　日 |
| 质量监督机构核查意见： | | 质量监督人员：(签名)<br>　　年　　月　　日 |

**表 2-2 监理单位质量控制体系检查表**

监理单位：

| 检查项目 | 检查内容 | 检查情况 |
|---|---|---|
| 组织机构 | 监理资质 | 资质等级：_____ 资质证书编号：_____<br>□符合要求　　　　　　　□不符合要求 |
| | 监理机构设置情况 | 监理机构成立文件：_____<br>机构组成情况：_____<br>□按投标文件承诺组建　　□未按投标文件承诺组建 |
| 监理人员 | 投标文件人员情况 | 人员数量：共____人，其中<br>监理工程师____人，监理员____人，监理工作人员____人；<br>专业情况：____专业____人，____专业____人，____专业____人 |
| | 监理机构人员到岗情况 | 到岗人员数量：共____人，其中<br>监理工程师____人，监理员____人，监理工作人员____人；<br>专业情况：____专业____人，____专业____人，____专业____人<br>□满足工作要求　□基本满足工作要求　□不满足工作要求 |
| | 监理机构到岗人员变更情况 | 监理工程师变更____人，监理员变更____人<br>□符合规定　　　　　　　□不符合规定 |
| | 总监理工程师 | 到岗情况：□未变更　□变更符合规定　□变更不符合规定 |
| | 副总监理工程师 | 到岗情况：□未变更　□变更符合规定　□变更不符合规定 |
| 监理检测 | 检测设备进场情况 | 主要检测设备：_____<br>是否满足监理工作需要：□满足　□基本满足　□不满足 |
| | 进场检测设备检定情况 | 主要检测设备数量____，其中检定设备数量____，未检定设备数量____<br>□符合规定　　　　　　　□不符合规定 |
| | 检测人员持证上岗情况 | 持证人员数量____人<br>□满足　　　　　　　　　□不满足 |
| | 平行、跟踪检测情况 | □符合规定　　　　　　　□不符合规定 |
| 质量控制 | 监理规划 | □满足要求　□基本满足要求　□不满足要求　□未编制 |
| | 监理实施细则 | □满足要求　□基本满足要求　□不满足要求　□未编制 |
| | 岗位责任制建立情况 | □完善　　□基本完善　　□不完善　　□未建立 |
| | 质量控制制度 | □完善　　□基本完善　　□不完善　　□未建立 |
| | 监理规范表格使用情况 | □符合要求　□基本符合要求　□不符合要求 |
| | 监理日记 | □完整　　　□不完整　　　□无记录 |
| | 监理日志 | □完整　　　□不完整　　　□无记录 |
| | 会议纪要 | □符合要求　□基本符合要求　□不符合要求 |
| | 对施工单位质量保证体系检查情况 | □检查　　　　　　　　　□未检查 |
| | 对设备制造单位质量保证体系检查情况 | □检查　　　　　　　　　□未检查 |
| 项目法人检查意见：<br><br>检查人：(签名)<br>年　　月　　日 | | |
| 质量监督机构核查意见：<br><br>质量监督员：(签名)<br>年　　月　　日 | | |

工程安全和施工安全的专项工程施工方案、度汛方案和灾害应急预案等。

此外的分部工程、专项工程施工方案可授权副总监理工程师或监理工程师审批。

### 2.1.2.3　涉及工程安全的分项工程

1. 涉及工程安全的五类分项工程

《水利部办公厅关于开展水利工程建设落实施工方案专项行动的通知》(办安监〔2015〕91号)明确规定了涉及工程安全的五类分项工程,包括:①基坑支护和降水工程、围堰工程;②土方和石方(隧洞)开挖工程;③模板工程、脚手架工程;④起重吊装工程;⑤拆除、爆破工程。

施工作业前必须编制施工方案。施工单位应在施工组织设计中编制安全技术措施和施工现场临时用电施工方案。对五类涉及工程安全的分项工程必须编制专项工程施工方案。

以上施工方案(包括安全技术措施和临时用电方案)必须按规定审批和论证。施工方案应附具安全验算结果,经施工单位技术负责人和总监理工程师签字。五类分项过程中涉及高边坡、深基坑、洞挖工程、高大模板、拆除爆破的专项工程施工方案,施工单位应组织专家论证、审查。监理机构审查专项施工方案是否符合工程建设强制性标准。

施工前必须进行安全技术交底。专项工程施工方案实施前,施工单位编制人员和项目技术负责人应当向现场管理人员和作业人员进行安全技术交底,对有关安全施工的技术要求进行详细说明,并由双方签字确认。

施工过程中必须按专项施工方案施工。作业人员必须遵守安全施工强制性标准、规章制度、操作规程和现场施工方案,按规定正确使用安全防护用具、机械设备等。垂直运输机械作业人员、安装拆卸工、爆破作业人员、起重信号工、登高架设作业人员等特种作业人员,必须按照国家有关规定经过专门的安全作业培训,并取得特种作业操作资格证书后上岗作业。施工过程中施工单位应指定专职安全管理人员进行现场监督,发现不按照专项工程施工方案施工的,应当要求其立即整改。发现有危及人身安全紧急情况的,应当立即组织作业人员撤离危险区域。

监理机构必须对专项工程施工方案实施情况进行现场监理。对不按专项工程施工方案实施的,责令施工单位整改或暂停施工,并及时向项目法人、水行政主管部门和流域机构或其委托的安全生产监督机构报告。

对于按规定需要验收的危险性较大的分部分项工程,施工单位和监理单位组织有关人员进行验收。验收合格,经施工单位技术负责人和监理机构总监理工程师签字,方可进入下道工序。

2. 涉及工程安全的分项工程相关标准

高边坡作业:土方边坡高度大于30 m或地质缺陷部位的开挖作业;石方边坡高度大于50 m或滑坡地段的开挖作业。

深基坑工程:开挖深度超过5 m(含5 m)的深基坑作业;开挖深度虽未超过5 m,但地质条件、周围环境和地下管线复杂,或影响毗邻建筑(构筑)物安全的深基坑作业。

洞挖工程:断面面积大于20 $m^2$或单洞长度大于50 m,以及地质缺陷部位的开挖工作;地应力大于20 MPa,或地应力大于岩石强度的1/5,或埋深大于500 m不能及时支护的部位作业;洞室临近贯通时的作业,当某一工作面爆破作业时相邻洞室的施工作业。

混凝土模板及支撑工程:搭设高度 8 m 及以上;搭设跨度 18 m 及以上;施工总荷载 15 kN/m² 及以上;集中线荷载 20 kN/m 及以上;承重支撑体系,用于钢结构安装等满堂支撑体系,承受单点集中荷载 700 kg 以上。提升高度 150 m 附着式整体和分片提升脚手架工程;架体高度 20 m 及以上悬挑式脚手架工程;工具式模板工程,包括滑模、爬模、飞模等。

起重吊装及安装拆卸工程:采用非常规起重设备、方法,且单件起吊重量 1 000 kN 及以上起重吊装作业;起重量 300 kN 及以上的起重设备安装工程;高度 200 m 及以上内爬起重设备的拆除作业。

拆除爆破工程:围堰拆除作业;爆破拆除作业;可能影响行人、交通、电力设施、通信设施或其他建筑(构筑)物安全的拆除作业;文物保护建筑、优秀历史建筑或历史文化风貌区控制范围的拆除作业。

其他工程:开挖深度超过 16 m 的人工挖孔桩工程;地下暗挖、顶管作业、水下作业工程;采用新技术、新工艺、新材料、新设备及尚无相关技术标准的危险性较大的专项工程。

### 2.1.2.4　工程建设强制性条文检验

工程建设项目施工方案的编写与实施应符合相关施工技术规范的规定,严格执行工程建设强制性条文,落实安全生产管理规定。施工方案审批时应对其工程建设强制性条文的符合性进行检查,并由施工单位技术负责人和总监理工程师签字确认。方案实施阶段要对其执行情况进行检查,相关检查人员签字确认。我们在监理工作实践中编制了工程建设标准强制性条文符合性检查表(见表 2-3)和执行检查表(见表 2-4),供参考使用。

表 2-3　_____工程建设标准强制性条文符合性检查表

工程名称:　　　　　　　　　　　　　　　　合同编码:

| | 条文序号 | 条文内容 | 方案对应章节号 | 符合性 |
|---|---|---|---|---|
| 施工条文 | | | | |
| | | | | |
| | | | | |
| 安全生产条文 | | | | |
| | | | | |
| | | | | |

施工单位审核人:　　　　　　　　　　　　　监理机构复核人:

日期:　　　　　　　　　　　　　　　　　　日期:

**表 2-4　工程建设标准强制性条文执行检查表**

工程名称：　　　　　　　　　　　　　　　　　　　　合同编码：

| 单位工程名称 | | | | |
|---|---|---|---|---|
| 分部工程名称 | | 分项工程 | | |
| 施工单位 | | 项目经理 | | |

规范名称：《＿＿＿＿＿工程施工技术规范》

| 序号 | 强制性条文内容 | 执行要素 | 执行情况 | 相关资料 |
|---|---|---|---|---|
| | | | | |
| | | | | |
| | | | | |
| | | | | |
| | | | | |
| | | | | |

检查人：　　　　　　　　　　　　　　　　　　　复核人：
日期：　　　　　　　　　　　　　　　　　　　　日期：

# 2.2　监理机构控制体系文件的编制

监理机构控制体系文件包括质量控制、进度控制、资金控制、安全生产和文明施工管理等。

## 2.2.1　质量控制体系文件的编制

质量控制体系文件的编制包括以下主要内容：工程概况、质量控制依据、质量控制目标、组织机构及责任、质量控制主要工作制度等。下文收录了河南省出山店水库监理 2 标质量控制体系节略文件，以供参考。

1　工程概况

1.1　项目建设内容

主坝 2＋700 以右的建筑物工程包括混凝土坝段（溢流坝段、底孔坝段、电站坝段、右岸非溢流坝段、连接坝段）、电站、南灌溉洞、基流放水洞、主坝 2＋700～3＋271 之间的土坝坝段（含主坝 2＋700～3＋271 坝段坝基挤密砂桩工程、主坝 2＋700～3＋290 坝段坝基混凝土防渗墙）、南副坝（2#、3#、4#副坝）等。主要工作内容为上述建筑物的建筑工程、金属结构及机电设备安装工程等。

1.2　监理服务范围和内容

监理服务范围和内容包括施工 2 标所含工程以及跨淮河大桥、7 km 的 10 kV 供电线路、安全监测工程、电气设备采购及安装、机电设备采购及安装、水力机械采购及安装、发电设备采购及安装、金属结构采购及安装、自动化、信息化管理等工程内容的全部监理工作。

1.3　监理服务期限

监理服务期限包含施工期及保修期,施工期 40 个月、保修期 12 个月。

1.4　合同工期

(1)施工工期安排:主体工程计划于 2015 年 10 月开始施工,2018 年 10 月 31 日前全部完成。为保证淮河主汛期不受影响,确定每年 6~9 月为控制施工期,期间不得进行有碍淮河行洪的施工活动,撤离所有施工机械、人员,河道内拆除所有有碍行洪的临时设施。

(2)主要控制性节点工期目标:计划于 2015 年 10 月开始两岸基础开挖,2015 年 10 月下旬主河槽第一次截流,导流明渠过流。2016 年 5 月底完成混凝土坝段 75 m 高程以下全部主体工程,并拆除施工围堰,主河槽及导流明渠共同泄流度汛;2016 年 10 月下旬主河槽第二次截流,2017 年 5 月底前完成 86 m 高程以下及两岸导水墙和刺墙工程,并拆除施工围堰,主河槽及导流明渠共同泄流度汛;2017 年 10 月下旬导流明渠截流,泄流底孔和溢流坝段共同泄流,开始施工导流明渠段土坝工程;2018 年 5 月底前,土坝段坝体填筑及上游护坡工程应超过 94 m 高程,重力坝段完成全部混凝土浇筑及机电金属结构安装调试,闸门具备启闭条件;2018 年 10 月底完成全部工程。

2　质量控制依据

(1)河南省出山店水库工程施工 2 标段招标投标文件、施工合同;

(2)河南省出山店水库工程监理 2 标段招标投标文件、监理合同;

(3)工程建设相关的施工图纸、设计文件、设计变更;

(4)相关的施工技术规范、规程;

(5)河南省出山店水库建设管理局有关质量管理文件;

(6)河南省出山店水库工程质量监督机构有关质量管理文件;

(7)工程建设相关会议纪要。

3　质量控制目标

3.1　质量控制主要内容

审查承包人的质量保证体系和措施;审查承包人的实验室条件;督促承包人建立质量检验制度(承包人应建立原材料、中间产品和单元或工序质量检查表)并及时进行复核检验;督促承包人建立质量追溯制度并及时审核确认,以便落实质量责任。

依据工程施工合同文件、设计文件、技术标准,对施工全过程进行检查,对重要部位、关键工序进行旁站监理。

按照有关规定,对承包人进场的工程设备、进场材料、构配件、中间产品进行跟踪检测和平行检测,平行检测的数量不应少于承包人检测数量的 10%。

根据工序检验抽检资料,评定单元工程质量等级。复核承包人自评的分部工程、单位工程质量等级;审核承包人提出的工程质量缺陷处理方案,监督处理质量缺陷,及时组织质量缺陷备案;参与、配合质量事故调查处理。

3.2　质量控制目标

施工合同工程质量约定:重要隐蔽单元工程和关键部位单元工程质量优良率达到 100%。工程合格标准为:达到《水利水电工程施工质量检测与评定规程》(SL 176—

2007）合格标准；优良标准为：达到《水利水电工程施工质量检测与评定规程》（SL 176—2007）优良标准。

　　监理合同质量控制目标：工程质量等级达到《水利水电工程施工质量检测与评定规程》（SL 176—2007）优良标准，无较大以上质量事故。

## 4　组织机构及责任

### 4.1　质量控制组织机构

　　监理部成立质量管理及质量控制领导小组。组长由总监理工程师担任，总监理工程师是质量管理的第一责任人。副组长由副总监理工程师和试验工程师担任。小组成员包括分管监理工程师和各专业监理工程师。领导小组所有成员按照各自分工分别承担领导责任、直接责任。

### 4.2　质量控制责任

　　由于监理因素造成的任何质量问题，包括质量事故、质量缺陷，按照相应的处理程序，对实体工程返工或修复，监理单位承担相应的经济处罚，并追究相关人员的责任。

　　监理机构内部，总监理工程师、副总监理工程师承担领导责任。试验工程师、分管监理工程师、专业监理工程师和现场监理人员承担领导责任或直接责任，视问题大小及问题性质实施不同额度的经济处罚，直至调离工作岗位。

## 5　质量控制主要工作制度

### 5.1　图纸会审与设计交底

　　（1）工程项目必须在开工前及时组织图纸会审和设计技术交底，总监理工程师、副总监理工程师或专业工程师主持，各相关专业现场监理人员参加。

　　（2）监理机构收到施工图纸后，立即组织相关专业监理人员熟悉设计意图和施工图纸内容，并做好记录。

　　（3）经与建设单位、施工单位协商确定图纸会审时间后，通知设计单位、建管单位、施工单位等有关人员参加。

　　（4）监理人员应认真记录图纸会审内容。对有关单位提出的疑问，应得到设计单位的明确答复，不能明确答复的要确定时间，在答复期限内设计单位应提交正式答复文件。

　　（5）监理人员应将图纸会审答疑，以书面形式发至各有关单位。

　　（6）图纸确定无误后，由专业监理工程师或总监理工程师确认，监理部盖章下发施工单位。

### 5.2　施工组织设计及施工技术方案审批

　　（1）施工单位必须完成施工组织设计、技术方案的编制及自审工作，并填写施工技术方案申报表，报送监理机构。

　　（2）对总体施工组织设计，施工总进度计划、施工年进度计划、度汛方案，总监理工程师应在约定时间内，组织专业监理工程师审查。提出审查意见后，由总监理工程师审查批准；需要施工单位修改时，由总监理工程师签发书面意见，退回施工单位修改后再报，总监理工程师应重新审定；对一般性施工技术方案，则由副总监理工程师、分管监理工程师或专业监理工程师负责审查和批复。

　　（3）批复均以书面形式为准，监理部及时签发给施工单位，并将已审批的施工组织设计、施工技术方案报送建管单位。

（4）施工单位应按审批的施工组织设计、施工技术方案组织施工。如需对其内容做出调整,应在实施前将调整内容书面报送监理工程师重新审批。

## 5.3  开工审批

合同项目开工通知、合同项目开工批复,由总监理工程师审核、与建管单位协商后签发。分部工程开工通知、单元工程工序开工许可,由分管监理工程师或相关的专业工程师审核签发。

监理签发的合同项目开工通知、合同项目开工批复均须报送建管单位。

## 5.4  施工测量检验

测量监理工程师应检查施工单位专职测量人员的上岗资质及测量设备鉴定证书等。

测量监理工程师应审核施工单位对测量控制基准点的复核成果,检查控制桩的保护措施。复核施工单位平面控制网、高程控制点和临时水准点的测量成果。

测量监理工程师应负责工程放线测量记录中的坐标、高程及有关尺寸的检查、复核等工作。测量监理工程师应对施工单位报送的测量放线控制成果及保护措施进行检查,符合要求时,测量监理工程师对施工单位报送的施工测量成果进行检验,核签测量成果报验单。

## 5.5  设备及构配件进场检验

（1）设备、构配件进场,必须证件齐全。

（2）设备、构配件使用前,相应的监理（监造）工程师必须严格按照有关规定认真组织进场验收。金属结构机电设备由监造监理单位负责驻厂监造,并进行出厂验收,发现问题不得出厂使用。

（3）金属结构与液压启闭机及电气设备应在供货合同中约定厂内初检的相关内容,并应于发货前在生产厂内进行初检。厂内初检由建设单位组织专业监理（含监造）工程师、供货合同双方、设备安装单位共同监督设备重要参数出厂试验的全过程,确认产品是否符合合同约定的技术要求。

（4）设备及构配件进场检验,监理工程师应查验出厂检验合格证明,如有必要应按规范、规定采用跟踪或平行检测的方式进行检验。

（5）发现设备及构配件存在质量问题,监理工程师应禁止施工单位使用,并责令限期整改。工程中使用了不合格的设备或构配件,监理工程师不予计量签证。

## 5.6  原材料、中间产品质量检查验收

（1）凡工程进场使用的原材料、中间产品均应检查验收。

（2）见证取样送检是施工单位委派的送检员在现场监理人员见证的情况下,按有关技术标准（规定）,从检验（测）对象中抽取试验样品,共同送到第三方实验室,送检人和见证人对试件的代表性和取样送检的真实性负责。

（3）监理见证人见证送检时,办理有关见证手续。

（4）平行检测由监理人员独立完成。

（5）监理、施工人员的有关送检、检验,不得弄虚作假或玩忽职守。

5.7　现场工程质量控制

　　监理工程师对施工现场的质量控制采用巡视和旁站相结合的方式进行。重要隐蔽及关键工序部位、建筑物地基处理、混凝土浇筑、坝体心墙填筑、桩基混凝土灌注、桥梁预应力张拉等部位必须实行监理旁站。旁站必须认真负责,不得擅自脱岗,并认真做好旁站记录。

　　施工单位每完成一道工序或一个单元工程都应自检,合格后方可报相应监理工程师复核检验。上道工序或上一单元工程未经复核检验或复核检验不合格,不得进行下道工序或下一单元工程施工。单元工程质量评定以及单元工程工序开工必须由分管监理工程师或相应的专业监理工程师签字认可。

5.8　质量缺陷及质量事故处理

　　发现质量缺陷必须及时采取补救措施,按照质量缺陷处理办法进行缺陷处理和缺陷备案。

　　发生质量事故,现场监理应视具体情况采取停止下道工序施工或补救加强等措施,并做好记录,及时通知总监理工程师、建管单位及相关部门。事故处理后,须按规定进行检查验收。必要时,可通过检测来获取可靠数据。验收后应对事故做出明确的处理结论,对一时难以做出结论的事故,可提出进一步观测检查的要求。

　　因不可抗力事件的发生而造成工程现场的任何形式损害,监理工程师应协助施工单位采取措施,防止损害进一步扩大,做好详细记录,及时通知总监理工程师、建管单位及相关部门,以便妥善做出处理。

## 2.2.2　进度控制体系文件的编制

　　进度控制体系文件的编制一般包括以下主要内容:工程概况、工程进度控制依据、工程进度总目标、组织机构、工程进度控制原则、进度控制的基本程序、进度控制的内容及方法等。下文收录了河南省出山店水库监理2标进度控制体系节略文件,以供参考。

1　工程概况(与质量控制体系内容相同,略)

2　工程进度控制依据

　　(1)施工合同文件中约定的工期目标。

　　(2)有关工程施工技术规程、规范、标准及设计文件。

　　(3)批复的施工组织设计、施工总进度计划、施工年进度计划。

　　(4)建管局有关项目管理文件。

　　(5)经批准的工期索赔文件。

　　(6)批准的设计变更文件。

　　(7)《水利工程施工监理规范》(SL 288—2014)。

3　工程进度总目标(与质量控制体系内容相同,略)

4　组织机构及进度控制原则

4.1　组织机构

　　监理部成立进度控制领导小组。组长由总监理工程师担任,总监理工程师是进度控制管理的第一责任人。副组长由合同管理工程师担任,小组成员包括分管监理工程师和各专业监理工程师。领导小组所有成员按照各自分工分别承担领导责任、监管责任。

## 4.2　工程进度控制的原则

（1）坚持进度控制为先导、工程质量和安全为保障的原则。在强调以工程进度控制为先导的同时，必须坚持以安全生产、工程质量为重要保障的原则。没有安全、没有工程质量，进度也将毫无意义。必须正确处理好安全、质量、造价与进度的关系，达到工程效益的最大化。

（2）坚持事先控制的原则。由于在工程建设过程中存在着许多影响进度的因素，这些因素往往来自不同的部门和不同的时期，它们对工程进度产生着复杂的影响，因此监理人员必须事先对影响工程进度的各种因素进行调查分析，预测它们对工程进度的影响程度，确定合理的进度控制目标，促使施工单位编制可行的进度计划，使工程建设工作始终按计划进行。

（3）坚持动态控制的原则。由于进度计划是事先设定的，无论制定得如何缜密，在实施过程中，各种新情况、新问题和各种干扰、风险因素的综合影响，总会出现一定的偏差。因此，为实现进度计划控制目标，必须对其实行动态管理，在进度计划的执行过程中不断检查，采取相应管理手段和措施，必要时按照工程建设项目相关管理办法和监理程序予以调整，以保证工程进度得到有效控制。

## 4.3　进度控制职责分工

（1）经批准的施工进度计划是执行、检查和控制的依据。

（2）工程进度控制由总监理工程师总体负责，各分管监理工程师、专业监理工程师负责各自分管工作的进度控制。

（3）分管监理工程师应监督施工进度计划的实施，对实施过程进行检查，对关键线路项目进展实施情况进行跟踪检查，及时发现偏差，及时采取措施，避免工期的拖延。当施工进度计划的调整对工程总目标、阶段目标、资金使用等产生较大影响时，应报建管局批准后实施。

（4）监理员应做好工程进度记录以及设备、人员的进场记录，审核施工单位的同期记录。

# 5　进度控制的基本程序

## 5.1　审核施工进度计划

总进度计划：施工单位编制的工程施工总进度计划需满足合同约定的总工期目标和主要节点工期目标，并报监理机构审批。经批准的施工总进度计划是控制工程进度的重要依据，主要内容包括：

（1）确定施工图纸供图计划。

（2）按控制目标分解计划完成工程量及其形象进度，分析施工强度。

（3）检查落实资源投入，包括人力资源、机械、设备投入和资金使用计划。

（4）检查落实各种原材料、中间产品、设备采购供应计划。

（5）及时组织开展隐蔽工程验收、工序质量检验、单元工程质量评定和分部工程验收。

年进度计划：施工单位根据总进度计划制订年进度计划，报监理机构审批。其内容和要求包括：

（1）依据总进度计划列出计划完成的年、月、旬工程量及其形象进度。

（2）列出施工所需的资源投入，包括人力资源、机械设备投入、各种原材料、中间产品、设备采购供应计划和资金使用计划。

（3）确定年度内施工图纸供图计划。

（4）制订年度施工项目的试验检测和验收计划，并说明工程试验检测和验收应完成的各项准备工作。

（5）关键线路项目节点工期控制要求。

（6）非关键线路项目实施的影响因素分析，评价对实现合同工期控制目标的影响。

月进度计划：施工单位应分解施工月进度计划，周密组织，实现月进度计划目标。其内容包括：

（1）逐月应完成的工程量和累计完成工程量（包括永久工程和临时工程）。

（2）资源采购、消耗和库存量。

（3）现场施工设备的投运数量和运行状况。

（4）劳动力投入数量。

（5）当前影响施工进度计划的因素和采取的改进措施。

（6）进度计划调整及其说明。

## 5.2　按计划组织实施

监理机构对工程进度实施情况进行检查，如发生严重偏离计划目标，应召开专题会议分析查找原因，总监理工程师签发"监理通知"指示施工单位采取调整措施。

## 5.3　进度计划的调整和修订

在工程实施过程中，不论何种原因引起的工期延误，施工单位均应及时做出调整，并在月进度报告中提出调整后的进度计划及其说明。若进度计划的调整需要修改关键线路的完工日期，则施工单位应按合同条款的相关规定，提交修订的进度计划报送监理审批。

施工单位依据进度计划目标和总监理工程师签发的"监理通知"编制下一期计划和赶工措施，由总监理工程师审核，报建管处审批。

# 6　进度控制的内容及方法

## 6.1　进度控制的内容

依据施工承包合同，明确进度控制目标，并以此审查批准施工单位提出的施工进度计划，检查其实施情况。督促施工单位采取切实措施实现合同工期要求。当实施进度与计划进度发生较大偏差时，及时向建管单位提出调整控制性进度计划的意见和建议，并在建管单位批准后完成其调整。

## 6.2　进度控制的方法

项目的组织管理、项目计划、项目合同、生产力要素以及项目的建设环境等，是影响工程进度的主要因素。在本工程的监理过程中，监理机构将重点围绕这些主要因素开展工作，实现进度控制目标。

（1）认真做好项目计划。根据施工合同总工期的要求和合同工程量，认真审核并及时修订控制性工程进度计划，督促检查落实投资计划、机械设备投入计划、设备采购供应、设计供图计划。

（2）加强施工组织管理。项目计划要靠强有力的项目组织来实施，没有强有力的施工组织和高效的施工管理，再好的项目计划，只能成为一句空话。为此，在监理过程中，监理部积极协助建管单位建立起由各参建单位参加的、自上而下的施工组织管理系统，并按项目计划的要求，沿进度计划的关键路线，适时组织形成施工高潮，通过分阶段的施工高潮，确保关键工作如期完成，进而实现项目计划。

（3）督促施工单位做好施工措施计划，实现生产力要素的优化配置。在监理过程中，根据控制性进度计划，督促施工单位做好各阶段的施工措施计划，认真核实施工单位为完成这些计划所投入的人员、机械设备、材料等资源的实际供应情况，努力实现生产力要素的合理配置。

（4）审查施工单位原材料采购计划。本项工程原材料品种多、数量大，且需用时段集中，尤其是粗、细骨料等地方材料能否及时到位对工程进度影响很大，监理人员须认真审查施工单位的材料采购计划，检查原材料采购合同签订情况。

（5）加强合同管理，落实合同双方的责任和义务。在监理过程中，各级监理人员应认真学习熟悉各合同条款，加强合同管理，促使合同双方顺利履行合同规定的各种责任和义务，确保合同总工期的顺利实现。

（6）协助建管单位搞好工程环境建设。水利工程项目建设受建设环境（如气象、水文、地质、水土保持及当地社会环境等）影响较大。为此在监理过程中，要密切关注环境条件的变化，协助建管单位搞好本工程各方面环境建设，为本工程的顺利进展提供良好的建设环境。

（7）做好进度控制的记录与分析。在监理过程中，应加强实施进度的核查和考核，发现问题，及时进行分析，查找原因，为建管单位决策提供依据。

（8）掌握工程进度。在施工过程中监理工程师随时注意工程进度，检查施工计划执行情况，发现问题，查找原因，及时解决，修订计划，确保阶段性控制性目标实现。

（9）进度控制纠偏措施。进度计划一旦出现偏差，应督促施工单位采取补救措施，认真核实施工单位为完成这些计划所投入的人员、机械设备、材料等资源的实际供应情况，合理配置资源、高效组织实施。

## 2.2.3　资金控制体系文件的编制

资金控制体系文件的编制一般包括以下主要内容：资金控制的目标和依据、资金控制原则、资金控制体系与职责、投资控制措施、工程计量原则等。下文收录了河南省出山店水库监理 2 标资金控制体系节略文件，以供参考。

1　总则

1.1　资金控制目标

以批准的工程概算和施工承包合同价作为资金控制的目标和依据，通过认真计量、慎重对待工程变更、控制和防范索赔事项、实施合理化建议等，有效降低工程成本，实现资金控制目标。

1.2　资金控制依据

（1）招标投标文件、施工承包合同。

（2）建设监理合同。

（3）《水利工程施工监理规范》（SL 288—2014）。

（4）批准的设计变更文件。

（5）确认的索赔事项。

（6）国家、行业关于投资、计划、变更的相关规范、规程和管理规定。

（7）河南省出山店水库建设管理局相关文件。

（8）其他相关规范、规程、管理规定。

## 1.3　适用范围

本项制度适用于河南省出山店水库工程监理2标段所含的各项工程建设内容。

## 2　资金控制原则

（1）动态控制原则。由于工程建设周期长，一些不确定因素必然对工程投资产生影响，如设计变更、索赔事项等。因此，在整个建设期需随时进行动态跟踪控制。

（2）友好协商原则。工程实施过程中出现设计变更或确认的索赔事项，监理机构应积极协调，依据合同友好协商、消除分歧，取得一致意见后执行。

（3）合同管理原则。工程建设过程中涉及的计量支付、设计变更、索赔事项，必须按照相关法律法规、规范规程、管理制度的规定，依据施工合同相关条款审慎处理。

## 3　资金控制体系与职责

### 3.1　资金控制体系

监理部建立以总监理工程师为资金控制第一责任人，副总监理工程师、造价工程师及监理工程师参与的资金控制体系，建立全方位、全过程的资金控制机制。

### 3.2　资金控制职责

（1）审批施工单位提交的资金流计划。

（2）协助建管局编制投资控制目标和年度投资计划。

（3）根据工程实际进展情况，对合同付款情况进行分析，提出资金流调整意见。

（4）审核施工单位完成的工程量和工程付款申请，签发付款证书。

（5）根据施工合同约定进行价格调整。

（6）根据授权处理工程变更所引起的工程费用变化事宜。

（7）根据授权处理合同索赔中的费用问题。

（8）审核完工付款申请，签发完工付款证书。

（9）审核最终付款申请，签发最终付款证书。

## 4　投资控制措施

（1）认真做好投资分析。对比分析各分项工程的投资权重及时间分布，对投资额较大的重点分项工程提前介入、重点控制。

（2）投资影响因素分析。引起投资变化的影响因素较多，如施工环境因素、设计变更、索赔事项、物价波动、政策调整等。施工过程中各参建单位应密切关注，及时研究对策。对影响投资较大的重大设计变更、价格调整等事项，协助建管局开展工作，必要时提请建管局及时向上级主管部门报告。

（3）审核资金使用计划。根据施工进度计划审核施工单位编制的工程项目资金使用计划,为建管局资金筹措提供参考。

(4)妥善处理索赔。防范索赔事件、正确处理索赔事件,是资金控制的一个重要方面。要处理好索赔事件,就必须熟悉施工承包合同的有关条款,掌握有关法规、政策和标准,掌握施工现场实际情况,客观、公平、公正处理,维护参建方的正当合法权益。

(5)做好月计量支付工作。对于施工单位已完成、经检验、质量评定合格的项目予以计量,未经检验或检验不合格的项目工程量不予计量。

依据施工图纸,按照招标文件技术条款规定的计量方法申报、核算。需要实际量测的完成工程量,按照建管局相关管理办法,以建管、监理、施工"三方"联合测量数据为基础,施工单位申报、监理工程师审核、建管局批准后签认计量。

认真审核月完成工程量,避免漏报、错报、重复计量;月计量支付时,比较实际完成量与招标清单工程量,对偏差较大的项目,应分析查找原因并及时通报建管局。

(6)审慎处理设计变更。

①依据监理招标文件合同条款,未对监理机构授权设计变更处置权限时,任何变更指令发布前,均应获得建管局批准;

②严格履行设计变更申请、批复手续。杜绝先实施、后报价,避免合同争议;

③变更项目应先进行项目内容、工程量和费用增减分析,经监理机构、设计单位审查签证、建设局审核同意,发出相应图纸和说明后,监理机构方可签发变更通知;

④监理机构根据实际情况,收集变更相关资料,按照施工合同有关条款,对变更的项目内容、工程量、变更单价或总价提出审核意见;

⑤监理机构根据变更指令监督施工单位实施。

(7)做好投资控制的信息管理工作。严格执行计量与支付程序,认真建立资金控制信息档案,建立与建管局信息沟通渠道,提出资金控制的合理化建议。

## 5　工程计量原则

### 5.1　计量说明

(1)本合同工程项目应按本合同通用和专用合同条款第 17 条的约定进行计量。计量方法应符合本技术条款各章的有关规定。

(2)承包人应保证自供的一切计量设备和用具符合国家度量衡标准的精度要求。

(3)除合同另有约定外;凡超出施工图纸所示和合同技术条款规定的有效工程量以外的超挖、超填工程量,施工附加量,加工、运输损耗量等均不予计量。

(4)根据合同完成的有效工程量,由承包人按施工图纸计算,或采用标准的计量设备进行秤量,并经监理人签认后,列入承包人的每月完成工程量报表。当分次结算累计工程量与按完成施工图纸所示及合同文件规定计算的有效工程量不一致时,以按完成施工图纸所示及合同文件规定计算的有效工程量为准。

(5)分次结算工程量的测量工作,应在监理人在场的情况下,由承包人负责。必要时,监理人有权指示承包人对结算工程量重新进行复核测量,并由监理人核查确认。

### 5.2　计量方法

#### 5.2.1　重量计量

(1)按施工图纸所示计算的有效质量以"t"或"kg"为单位计量。

（2）凡以质量计量并需称量的材料,由承包人合格的计量人员使用经国家技术监督部门检验合格的称量设备,根据合同约定,在监理人指定的地点进行称量。

（3）钢材的计量应按施工图纸所示的净值计量。钢筋应按监理人批准的钢筋下料表,以直径和长度计算,不计入钢筋损耗和架设定位的附加钢筋量;钢板和型钢钢材制成件的成型净尺寸和使用钢材规格的标准单位重量计算其工程量,不计其下料损耗量和施工安装等所需的附加钢材用量。施工附加量均不单独计算,而应包括在有关钢筋、钢材和预应力钢材等各自的单价中。

### 5.2.2　面积计量

按施工图纸所示轮廓尺寸或结构物尺寸计算的有效面积以"$m^2$"为单位计量。

### 5.2.3　体积计量

按施工图纸所示轮廓尺寸或结构物尺寸计算的有效体积以"$m^3$"为单位计量。经监理人批准,大体积混凝土中所设体积小于 $0.1\ m^3$ 的孔洞、排水管、预埋管和凹槽等工程量不予扣除,按施工图纸和指示要求对临时孔洞进行回填的工程量不重复计量。

### 5.2.4　长度计量

按施工图纸所示施工轮廓尺寸或结构物尺寸计算的有效长度以"$m$"为单位计量。

## 2.2.4　安全生产和文明施工管理体系文件的编制

安全生产和文明施工管理体系文件的编制一般包括以下主要内容:总则,编制依据,安全生产和文明施工责任制度,安全生产与文明施工监督、检查制度,监理安全管理制度等。下文收录了河南省出山店水库监理 2 标安全生产和文明施工管理体系节略文件,以供参考。

### 1　总则

本体系文件所称安全生产和文明施工监理管理,是指监理机构按照《建设工程安全生产管理条例》《水利工程建设安全生产管理规定》及有关法律法规、水利工程建设强制性标准,结合本监理工程实际情况制定,指导、规范监理机构人员安全管理行为,明确施工现场实施生产安全监督管理的内容、程序。

（1）水利工程施工是一项复杂的系统工程,保证建设过程安全、顺利是参建各方共同的责任。参建各方要密切联系、相互协助,依靠科技进步实行科学管理,不断提高安全生产和文明施工管理水平。

（2）贯彻"安全生产,人人有责"的安全管理工作方针,实行建管局统一领导、统一协调,参建各方各负其责的安全管理体制。

（3）监理机构要积极协助建管局建立安全生产与文明施工领导机构,并承担相应的协调、监督职责。

（4）监理机构在安全监理工作中坚持"以人为本、安全第一、预防为主、综合治理"的原则,努力实现安全生产目标,杜绝群死、群伤的重特大事故发生,力争避免和减少较大事故的发生。

（5）明确监理机构各级监理人员的安全生产和文明施工的职责,切实把各项工作落到实处。

（6）通过先进的施工方法、科学的组织、严格的定期考核机制,争取实现本工程的"安全生产与文明施工"目标。

（7）本制度从签发之日起执行。

## 2 编制依据

（1）《建设工程安全生产管理条例》（国务院令第 393 号）;

（2）《生产安全事故报告和调查处理条例》（国务院令第 493 号）;

（3）《水利工程建设安全生产管理规定》（水利部令第 26 号）;

（4）《水利工程施工监理规范》（SL 288—2014）;

（5）河南省出山店水库工程建设监理 2 标段的监理合同、监理规划;

（6）施工合同文件;

（7）建设管理局制定的安全生产和文明施工的有关规定及制度;

（8）有关安全技术规范。

## 3 安全生产和文明施工责任制度

### 3.1 组织结构

河南省出山店水库工程监理 2 标监理部为河南科光工程建设监理有限公司派出监理机构,实行总监理工程师负责制,对安全生产和文明施工的监理管理工作总体负责。安全专业监理工程师负责安全生产和文明施工监督检查的具体事务,直接向总监理工程师负责。

监理部建立由总监理工程师全面负责、安全专业监理工程师具体负责、各级监理人员全体参与的安全生产和文明施工监理管理体系,副总监理工程师协助总监理工程师工作,分管监理工程师和其他专业监理工程师在总监理工程师和副总监理工程师的领导下配合安全专业监理工程师工作,负责本专业的安全生产和文明施工监理管理工作,其他监理人员在驻地监理工程师和专业监理工程师的指导下工作。

安全专业涉及学科多、知识广,为了弥补安全专业监理工程师有关专业知识的不足,必要时聘请安全生产技术专家进行技术指导。

### 3.2 职责和分工

#### 3.2.1 总监理工程师

总监理工程师对安全生产和文明施工的监理管理工作负总责（见图 2-1）,主持召开安全生产和文明施工专题会议及现场协调会议;审批安全专业监理实施细则;审批承包人的安全生产专项方案;审批承包人的安全保证体系;签发监理机构的有关安全生产和文明施工的指令;巡视安全生产和文明施工情况。

总监理工程师随时检查承包人安全生产和文明施工情况,指示承包人限期整改安全隐患、签署因安全生产和文明施工不达标而下达的暂停施工指令。

#### 3.2.2 副总监理工程师

副总监理工程师协助总监理工程师工作,总监理工程师离开工地时由指定副总监理工程师行使总监理工程师的安全生产和文明施工的职责,并向总监理工程师负责。

#### 3.2.3 安全专业监理工程师

安全专业监理工程师具体负责安全生产和文明施工的监理管理工作。安全专业监理

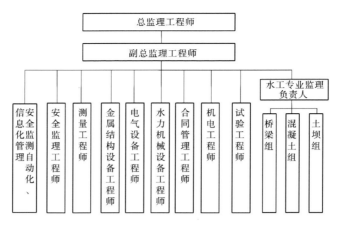

**图 2-1　职责和分工**

工程师要组织安全生产和文明施工专题会议及现场协调会议,整理各种安全生产和文明施工的会议记录;编写安全监理实施细则,并结合"法规"变化和工程实际及时修订、补充相关内容;参与施工组织设计、施工技术方案的审查;预审承包人安全生产专项方案(预案)、安全保证体系和安全事故报告等文件;监督、检查承包人的安全保证体系的建立健全及运行情况;制订月份、专题工作计划和安全检查方案,组织安全隐患排查工作,签发安全隐患整改通知,复查承包人的整改落实情况;检查承包人的安全生产和文明施工情况,协助建管局开展安全生产和文明施工的评比活动;起草监理机构的有关安全生产和文明施工的指令,检查指令的落实、执行情况;编写有关安全监理的工作报告。

　　安全专业监理工程师、驻地监理工程师、其他专业监理工程师均有随时检查承包人安全生产文明施工情况的权利,有指示承包人限期整改安全隐患的权利,有建议总监理工程师签署因安全生产和文明施工不达标而下达停工令的权利,有建议总监理工程师调整监理人员工作的权利。

**3.2.4　驻地监理工程师**

　　在总监理工程师和副总监理工程师的领导下配合安全专业监理工程师进行监理工作,负责本专业的安全生产和文明施工的监理管理工作。驻地监理工程师要协助安全专业监理工程师监督、检查承包人的安全保证体系的建立健全及运行情况;参与本专业的安全隐患排查工作及安全生产和文明施工的评比工作;检查并记录本标段的安全生产和文明施工情况,向总监理工程师和副总监理工程师汇报有关问题,与安全专业监理工程师沟通相关情况;协助安全专业监理工程师落实监理机构签发的有关安全生产和文明施工指令的执行情况,签发现场安全隐患整改指令。

**3.2.5　其他专业监理工程师**

　　其他专业监理工程师在总监理工程师和副总监理工程师的领导下配合安全专业监理工程师进行监理工作,负责本专业的安全生产和文明施工的监理管理工作;检查并记录本专业的安全生产和文明施工情况,向总监理工程师和副总监理工程师汇报有关问题,与安全专业监理工程师沟通相关情况;协助安全专业监理工程师落实监理机构签发的与本专业相关的安全生产和文明施工指令的执行情况,签发安全隐患整改通知。

3.2.6 安全顾问

安全顾问接受总监理工程师领导,向总监理工程师负责,主要负责安全生产和文明施工方面的技术服务工作。

安全顾问有检查承包人安全生产和文明施工情况的权利、有建议指示承包人限期整改安全隐患的权利、有建议总监理工程师签署因安全生产和文明施工不达标而下达停工令的权利。

3.2.7 一般监理人员

一般监理人员在驻地监理工程师和安全专业监理工程师的指导下进行安全生产和文明施工的监理管理工作,并及时向驻地监理工程师或安全专业监理工程师汇报安全隐患排查及整改情况。

一般监理人员有随时检查承包人安全生产和文明施工情况的权利,发现隐患及时向驻地监理工程师或安全专业监理工程师汇报。

3.3 安全责任制

为认真全面落实《中华人民共和国安全生产法》、监理部安全生产保证体系及建管局关于安全生产有关要求,切实加强项目安全生产管理工作的力度,保证安全管理体系运行,明确履行各自安全职责,确保各项安全措施的落实,有效地预防重大伤亡事故的发生,保障现场监理人员、施工作业人员的生命安全以及施工生产的顺利进行,维护单位的社会信誉和良好形象,提高经济效益,采用全员签订"安全责任制书"形式,作为监理人员的安全管理、绩效考核依据。

安全责任书由安全生产管理目标、考核期限、监理人员安全管理制度、各级监理人员岗位职责、考核及奖罚、附则组成。

责任书签订和考核采用分级管理办法。监理部人员由总监理工程师考核,总监理工程师由公司考核。

4 安全生产与文明施工监督、检查制度

4.1 施工阶段安全监理程序

安全监理程序包括施工单位及相关从业人员的资格、资质审查,特种设备认证情况检查,施工方案安全措施审查,执行情况检查和现场检查,见图2-2。

4.2 申报、审批制度

(1)审查承包人施工组织设计和单项施工方案,承包人必须制订切实可行的安全技术措施和施工安全措施计划,对危险性较大的分部工程或单元工程,必须编制专项施工方案,并满足现场管理需要、强制性条文和有关安全技术规程规定,由专业安全工程师审查、总监理工程师批准后执行。

(2)针对工程的安全监控关键部位(如大坝高边坡填筑,爆破作业,建筑物高处作业,混凝土预制件运输吊装作业,脚手架安装、拆除和施工用电等)关键工序(如钢绞线张拉、建筑物混凝土浇筑、高大脚手架验收等)重点时段(如恶劣天气、工程度汛、爆破作业、冬夏季施工等)要求承包人制订安全生产专项方案,由专业安全工程师审查、总监理工程师批准后执行。监理机构要随机排查,防患于未然。关键部位和工序的安全措施不到位不允许开工。

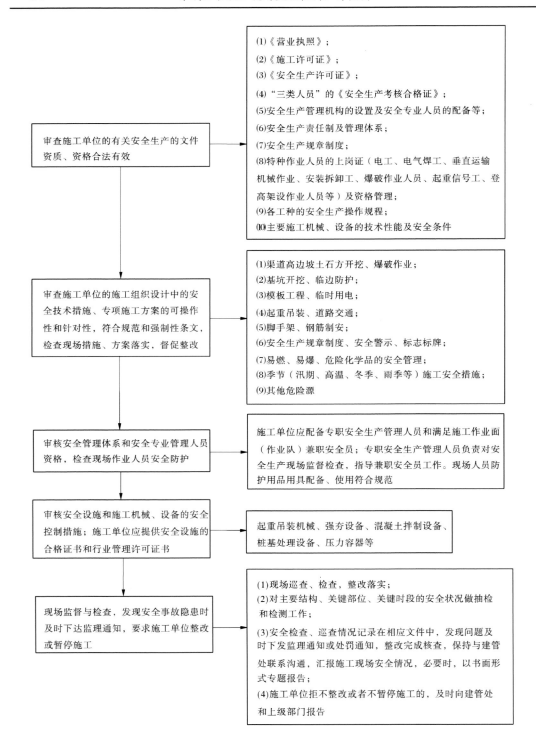

图 2-2　施工阶段安全监理程序

（3）承包人达不到安全生产和文明施工的标准要求或落实不到位，不允许开工或要求暂停施工。

## 4.3　宣传、教育制度

坚持定期教育与不定期教育相结合、典型教育与经常性教育相结合、教育和监督惩戒相结合的工作方法，把安全宣传教育贯穿于整个施工管理的全过程，把安全生产观念深入到每位参建人员的思想上，落实到每一具体施工作业、管理工作中。

（1）施工单位进场，监理部及时组织项目部主要管理人员和安全管理部门人员进行安全技术交底。安全技术交底内容主要有工程概况，安全管理内容，安全管理要求及工作目标，安全监理工作程序，安全生产法律法规、规范标准，以及国家、本工程安全生产管理文件等。

检查、督促施工单位落实安全生产"三级"教育和安全技术交底。

（2）施工过程中，结合"安全生产、文明工地创建"活动，采用不定期的专题会议、监理例会或监理通知等形式，及时转发上级部门下达的有关安全生产管理文件，交流安全生产的经验。

检查、督促施工单位结合每年度的"安全生产月"活动，定期进行安全教育"进工地、进班组"和"班前五分钟"活动。利用广播、电视、录像、报纸等媒体形式和工友提醒、交流等方式进行不定期安全知识学习。

（3）根据施工进度、施工环境变化，通过专题会议或监理例会形式，及时进行特殊时段、特种工程（工种）安全技术规范和标准的技术交底，规范现场施工安全管理。

（4）坚持教育和监督、惩戒相结合。施工过程中，对违规操作、屡改屡犯的操作人员，建议项目部进行教育和惩戒，直至清除出现场。对项目部资源投入不足、现场安全管理不力、安全隐患整改滞缓的，通过专题会议、监理例会或监理通知的形式通报批评。对工程存在严重安全隐患且整改不落实、现场安全管理人员严重失职的，严格执行合同对其进行经济处罚。

## 4.4　监督、检查（巡查）制度

（1）督促承包人建立健全安全保障体系和规章制度，督促承包人对职工进行施工安全教育培训、安全技术交底，经常检查和督促承包人在工程施工中的具体落实情况。

严格分包施工安全管理，检查总承包单位对分包施工安全管理情况。

（2）在施工过程中，对承包人开展施工安全法律、法规和工程建设强制性标准的执行情况检查，对施工组织设计和专项施工方案中安全措施的落实情况进行检查，加强现场安全控制。

（3）现场监理人员每天对所负责的作业面的安全生产和文明施工情况、关键部位的安全防护措施落实情况进行检查，对排查出的安全隐患负责跟踪落实，将检查处理结果记入监理日志。

（4）监理人员发现隐患后要及时要求承包人进行整改，必要时下发文字材料要求停工整改。对重大安全隐患要及时向监理部、建管局汇报。

违规违章、安全隐患处理程序见图2-3。

（5）对关键部位、关键工序和重点时间段，监理机构要组织承包人进行排查，必要时

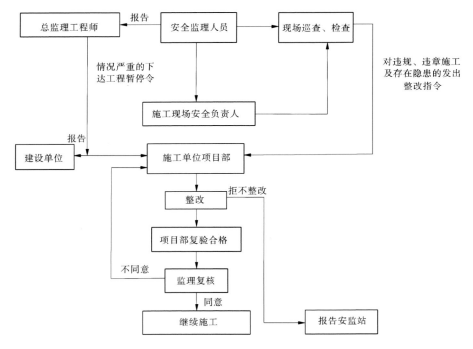

**图2-3　违规违章、安全隐患处理程序**

邀请建管局参加,防患于未然。

（6）监理机构每月组织或协助建管局组织一次安全生产和文明工地联合检查。安全专业监理工程师每月组织三次安全隐患排查,其中一次与建管局联合检查,发现问题及时要求承包人整改。

（7）在安全隐患排查中,要有重点、有标准、有要求,并做书面记录,履行签字手续。督促承包人对查出的安全隐患制订相应的整改计划,定人、定时间、定措施进行整改,并要履行登记、复查和消项手续。监理机构要对重大事故隐患签发限期整改通知书,承包人必须及时采取措施进行整改,若整改不力,监理机构有权责令停工整顿。

（8）协助建管局设置标志牌,对承包人负责的标志牌按照建管局的统一要求进行审核,达到布局合理、整齐美观。

（9）督促施工单位在施工现场的井、洞、坑、沟、口等危险处设置明显警示标志,并采取加盖板或设置围栏等防护措施。

（10）督促施工单位在临水、临空、临边等部位设置防护措施。

（11）督促施工单位在交通频繁的施工道路、交叉路口等处按规定设置警示标志或信号灯,施工时设专人指挥交通。基坑开挖、弃渣坑(场)等处还应设专人调度和守护。

（12）督促承包人做好施工区和非施工区的分隔设施。现场施工总体规划布置遵循合理使用场地、有利施工、便于管理的基本原则。分区布置,应满足安全管理和环境保护要求。

（13）督促承包人做好施工设施的度汛、防火、防砸、防风、防雷等措施,符合安全生产和行业管理规范;督促承包人及时处理建筑、生活垃圾和污水,符合环境、卫生相关标准要求。

（14）要求承包人设备、原材料、半成品、成品等分类存放，标志清晰、稳固整齐，并保持通道畅通。

（15）督促施工单位临时道路严格按照投标文件承诺进行施工，做好道路日常清扫、养护和及时维修。

（16）督促施工单位做好施工区域内的封闭管理，及时对现场隔离栏网进行调整、修复、补充。主要进出口处设置明显的施工警示标志和安全文明生产规定、禁令，与施工无关的人员、设备不允许进入封闭作业区。

（17）督促承包人做好用电管理工作，严禁私拉电线，要求办公室、宿舍电器使用规范。督促承包人做好消防管理工作，在易燃、易爆、危险化学物品存放、使用场所配备足够消防设施，严禁现场用火。

（18）监督检查承包人的特殊工种人员的持证上岗情况。

（19）督促承包人做好安全保卫工作，防止重大盗窃和违法事件发生。

（20）检查施工单位安全文明措施费的使用情况，督促施工单位按规定投入、使用安全文明施工措施费。对未按照规定使用安全文明施工措施费的，总监理工程师不予签认，适时向建管局报告。

## 4.5　会议制度

（1）监理例会。安全生产和文明工地建设作为监理例会的内容之一，施工单位主要介绍安全生产状况、存在主要问题及原因、整改措施，监理单位主要通报已整改落实情况，指出现场存在问题，提出具体整改要求。

（2）安全监理例会。作为监理专题会议，每月召开一次，共同学习有关法规和建管单位下发的相关文件。就现阶段现场安全生产状况进行交流、讨论和安全监理技术交底，检查上次会议提出的安全生产问题执行情况，督促施工单位对存在的安全隐患制定并采取切实可行的整改措施，对下阶段安全监理主要工作内容进行通报。

（3）根据工程进展情况，不定期召开安全生产和文明工地建设专题会议和协调会议，主要解决个别事件、特殊时段的安全管理问题，协调参建各方之间的配合问题。

（4）每月联合建管局进行一次安全生产文明施工检查，并召开检查会议，形成会议记录，下发各参建单位。

## 4.6　汇报、通报、通知、备案制度

（1）监理机构每月通过报送监理月报，向建管局汇报本月施工安全生产和监督管理工作和成效。

（2）检查、巡查过程中发现有违反工程建设施工安全标准强制性条文、有关安全技术规定的安全隐患，安全监理工程师应依据合同、规范、强制性条文等文件，及时向施工单位签发"整改通知"提出整改要求，在施工单位按要求整改完毕后，安全监理工程师或驻地监理工程师接到"回复单"后应及时复查，签署整改复验意见，并应及时上报建管局。安全监理工程师整改通知签发程序见图2-4。

（3）每次监理例会要通报本次时间段内"整改通知"相关内容，通报批评在日常检查、巡查中发现的问题，对安全生产管理工作较好的单位予以表扬。

（4）为加强对施工单位的安全管理，监理部应建立特种作业人员、主要机械、主要危

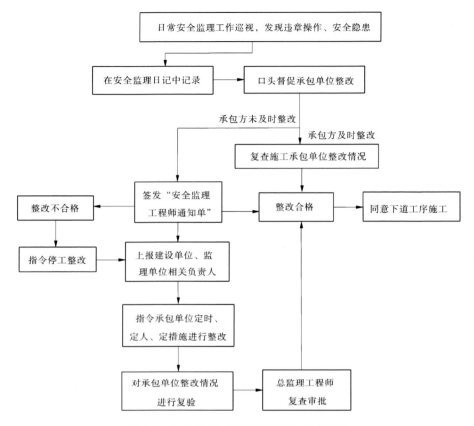

**图 2-4 安全监理工程师整改通知签发程序**

险源备案制度,各施工标段每季度最后一个月的 25 日将材料报送监理部备案,监理部结合上报的情况适时对施工单位安全情况进行抽查。

**4.7 现场安全紧急情况报告制度**

(1)如发生安全事故,事故现场人员须立即向驻地监理人员汇报并通知安全专业监理工程师和总监理工程师。

(2)安全专业监理工程师和总监理工程师接到通知后要立即赶到事故现场,在了解相关情况后立即向建管局汇报有关情况,配合安监部门现场调查取证工作。

(3)现场监理人员要做好安全记录,收集安全事故的有关资料。

(4)安全专业监理工程师要督促事故单位在 24 h 内写出书面报告,报告内容为:事故发生的单位、时间、地点、事故类别、伤亡人数、影响范围、事故初步原因,以及所采取的应急措施等。

(5)发现安全隐患,所有现场监理人员要及时制止,有责任要求暂时停止施工,消除隐患后方可允许施工。对重大安全隐患,在及时制止、暂时停止施工的同时,应立即向总监理工程师汇报。总监理工程师同专业监理工程师现场进行处理,隐患消除后方可允许施工。

**4.8 安全事故调查、处理制度**

(1)现场监理人员要指示承包人采取措施控制安全事故,配合承包人做好现场的财产保护及人员抢救工作,设立安全警戒区域,保护事故现场。

(2)现场监理人员要做好安全记录,收集有关资料。

(3)监理机构要按照事故处理程序,协助、配合有关部门做好调查取证、事故原因分析等工作。

(4)审查承包人的安全事故报告及相关报表,配合建管局督促承包人做好安全事故的处理工作。

## 5　监理安全管理制度

### 5.1　监理人员安全管理制度

(1)各级监理人员要带头执行、认真遵守监理部各项安全生产和文明施工相关规章制度。

(2)监理人员进入施工区必须戴安全帽,在高空抽检或旁站作业时必须戴安全绳,不得穿拖鞋进入施工现场。

(3)值班监理人员不准饮酒。

(4)不准私自游泳。

(5)监理人员离开工地时向专业监理工程师或驻地监理工程师请假,其他人员离开工地时向总监理工程师请假。总监理工程师离开工地时向建管局请假。

(6)监理人员进入现场要自觉遵守施工单位制定的各项安全生产和文明施工的规定。

(7)驾驶员严禁酒后驾车,未经总监理工程师批准,车辆不得随意外出,无驾照人员严禁开车。

(8)积极参加建管局组织的各种安全生产和文明施工的有关活动。

### 5.2　监理安全宣传教育、培训管理制度

为规范监理人员安全生产教育培训、提高全体员工的安全素质,根据国家有关规定和公司的要求,结合本工程施工、管理工作实际,采用定期、不定期相结合和岗前培训、专题培训相结合的方式,对监理人员进行全员安全教育培训。

(1)总监理工程师是安全生产第一责任人,对安全生产教育培训工作负责,保证安全教育培训所需的资源。

监理部办公室是安全教育培训管理部门,负责安全教育培训计划,并督促、检查安全教育培训工作。

安全专业监理工程师是组织人,负责教育培训计划的实施、授课内容的选定。驻地监理工程师负责教育培训的组织及效果的反馈。

(2)监理部人员的安全教育、培训为全员教育、培训。

监理工程师、监理人员上岗前必须经过安全知识培训和安全专业监理知识培训,每人不少于 8 h。

驻地监理工程师、安全专业监理工程师必须经过安全监理知识强化培训和分专业安全知识培训,每年参加有关安全培训学习不少于 8 h。

安全专业监理工程师除参加有关主管部门规定的安全培训外,每年应参加公司或地方有关部门组织的再教育培训,时间不少于 8 h。

项目总监理工程师按规定必须参加有关部门组织的安全培训。

（3）调整监理工地人员，上岗前必须进行相应岗位的安全教育。

（4）根据工程施工和人员岗位特点，安全教育的形式可多样化。

定期举办安全教育培训班，主要是法律、规章及工程建设强制性标准的宣贯培训。安全生产类新法规颁布后，适时组织监理人员进行专题学习、培训。

不定期教育有利用广播、电视、录像、报纸等媒体进行安全知识学习；利用安全月活动进行宣传教育；工作期间相互交流、借鉴安全监理经验；调整岗位的岗前安全教育。

邀请安全专家对监理人员进行安全教育培训，每年不少于一次。

（5）安全生产教育培训计划的实施和人员的参与情况纳入公司对监理部年度工作考核的主要内容，参加安全教育培训作为监理部对员工工作考核的内容之一。

## 5.3　监理人员安全考核

为了增强现场监理人员安全意识，监理部按照公司制定的监理人员考核管理办法对驻地监理工程师、安全专业监理工程师、监理员进行考核。

## 5.4　奖惩办法

（1）根据监理人员职责，参照公司制定的《监理人员奖惩制度》相关条款执行；

（2）出现安全事故的监理相关责任人，按照《建设工程安全生产管理条例》（国务院令第 393 号）进行处罚，或按照事故调查组意见进行处罚。

# 2.3　监理实施细则编制

## 2.3.1　监理实施细则主要内容

监理实施细则由负责相应工作的监理工程师组织相应专业监理工程师编写，并报总监理工程师批准。监理实施细则应符合监理规划的基本要求，充分体现工程特点和监理合同约定的要求，结合工程项目的施工方法和专业特点，明确具体的控制措施、方法和要求，具有针对性、可行性和可操作性。在监理工作实施过程中，监理实施细则应根据实际情况进行修改、补充和完善。

监理实施细则分三个类别：①专业工程监理实施细则；②专业工作监理实施细则；③涉及工程安全的五类专项工程及危险性较大的工程的安全监理实施细则。

专业工程指施工导流、土石方开挖、土石方填筑、混凝土工程、基础处理、砌体工程、金结机电设备安装、安全监测等。专业工程监理实施细则主要内容包括：①适用范围；②编制依据；③专业工程特点；④专业工程开工条件检查；⑤现场监理工作内容、程序和控制要点；⑥检查和检验项目、标准及工作要求，一般应包括巡视检查要点，旁站监理的范围、内容和控制要点及记录，检测项目、标准和检测要求，跟踪、平行检测的要求和数量；⑦资料和质量评定要求；⑧采用的表格清单。

专业工作指测量、试验检测、施工图纸审核签发、计量支付、信息管理、工程验收等。专业工作监理实施细则主要内容包括：①适用范围；②编制依据；③专业工作特点和控制要点；④监理工作内容、技术要求和程序；⑤采用的表格清单。

涉及工程安全的五类专项工程及危险性较大的工程的安全监理实施细则主要内容包

括:①适用范围;②编制依据;③施工安全特点;④安全监理工作内容和控制要点;⑤安全监理的方法和措施;⑥安全检查记录和报表格式。

## 2.3.2　监理细则汇编

本书编写人员近年来参与了南水北调中线干线工程安阳段、新乡段、郑州段和河南省出山店水库等大型水利工程的建设监理、施工、管理工作。项目实施过程中,对监理实施细则提出了很好的修改意见。本节收录的监理实施细则涵盖了专业工程、监理工作、安全监测和安全监理等类型,具有一定的代表意义。

需要说明的是,本节收录的监理实施细则是相关工程实施阶段当时编制的,在参考使用时应根据《水利工程施工监理规范》(SL 288—2014)规定的监理实施细则编写内容和格式、新修订颁布的相关工程施工技术规范以及建设项目的招标文件技术条款、施工图纸等对其进行修改和完善。

### 2.3.2.1　渠道土方开挖监理实施细则

1　总则

1.1　本细则依据南水北调中线一期工程总干渠沙河南—黄河南(委托建管项目)郑州 1 段工程施工承包合同、工程建设监理合同、施工图纸、设计文件以及有关工程施工的技术规范、规程、标准编制。

1.2　本细则适用于南水北调中线一期工程总干渠沙河南—黄河南(委托建管项目)郑州 1 段工程的渠道及建筑物土石方开挖。

1.3　适用本项目工程使用的技术标准、规程、规范(但不限于):

(1)《水工建筑物岩石基础开挖工程施工技术规范》(SL 47—1994);

(2)《水利水电工程测量规范》(SL 197—2013);

(3)《水利水电工程施工质量检测与评定规程》(SL 176—2007);

(4)《水利水电工程单元工程施工质量验收评定标准——土石方工程》(SL 631—2012);

(5)《水利工程施工监理规范》(SL 288—2014);

(6)《建筑工程质量检验评定标准》(GBJ 301—88);

(7)《建筑地基基础工程施工质量验收规范》(GB 50202—2002);

(8)《碾压式土石坝施工技术规范》(SDJ 213—83);

(9)《南水北调中线一期工程渠道工程施工质量评定验收标准(试行)》(NSBD7—2007)等质量评定与验收文件。

以上文件有新版本的,按新版有关规定执行。

1.4　建管处为该项工程开工和正常进展应提供的必要条件:

按要求提供基准坐标点、堆弃渣区、开挖作业必要的占地和网电供应。

1.5　有关地基处理内容另行制定监理细则。

2　开工审批内容和程序

2.1　分部(分项)工程开工审批程序和申请内容

2.1.1　本项工程开工前14 d,施工单位填报分部(分项)工程开工申请,经监理机构审核后,签发分部工程开工许可证,准予开工。

2.1.2　监理工程师检查的主要内容有:

(1)施工图纸、技术标准、施工技术交底情况;

(2)开挖施工平面布置及施工交通布置情况;

(3)施工安全和质量保证措施落实情况;

(4)开挖方法和开挖程序;

(5)施工设备的配置和劳动力安排;

(6)降排水措施;

(7)开挖边坡保护措施;

(8)土料利用与弃渣措施;

(9)风、水、电等必需的辅助生产设施准备情况;

(10)测量及试验情况;

(11)环境保护和水土保持措施计划;

(12)文明施工措施计划。

2.1.3　审核的主要内容是:

(1)施工组织设计和施工措施计划(相应工程开工申请前 14 d 上报)。

(2)基坑降排水措施计划。

(3)土石方开挖与填筑物料平衡计划。施工单位应根据施工总进度计划和选定的土石料场开采区,做好土石料开挖和工程填筑计划的平衡,在提交的施工措施计划中,列出详细的土石方填筑物料开采和填筑的平衡计划,包括开挖时不同土石料的分类堆放、利用等,以确保经济合理地使用开挖土石料,减少从料场取土。

(4)土方开挖区、弃渣区、复耕表层土清理和堆放措施计划。

2.1.4　涉及河渠交叉建筑物施工的标段,施工单位应按照合同文件的要求在导流工程开工前 42 d 向监理机构提交一份施工导流工程的施工措施计划,并在导流工程开工前 28 d 上报施工导流和水流控制施工布置及导流建筑物详细结构设计成果及其说明。具体内容包括:

(1)施工导流布置图;

(2)导流工程建筑物结构布置图(包括防渗结构);

(3)导流工程建筑物的设计计算成果和设计报告;

(4)监理机构要求提交的其他资料。

2.1.5　在土料场开工前 7 d,施工单位应编制一份土料场规划报告,报送监理机构审批。

2.2　土石方开挖施工审批内容和程序

2.2.1　施工单位应在施工放样前 14 d,完成施工测量控制网的设计和建立,并将下列成果资料报送监理机构批准:

(1)控制网的布置图及测量情况说明;

(2)控制网测量平差计算成果;

(3)施工控制网加密测量情况说明、技术总结及成果表;

(4)开挖前实测地形和开挖放样剖面图。

2.2.2　施工单位应在上述时段内,根据设计文件及施工条件同时完成测量放样措施计划,并报监理机构批准。措施计划包括以下内容:

(1)开挖区周围平面和高程控制点设置、校测、编号及平面图;

(2)放样计算成果;

(3)放样方法及其点位精度估算;

(4)放样程序、技术措施及要求;

(5)数据记录及资料整理;

(6)仪器、人员配置;

(7)质量控制措施及验收措施。

当开挖体剖面由不同地质结构层组成时,应按开挖顺序对下一个地质开挖层进行实地测量放样,并将成果报送监理机构审核。

2.2.3　土方开挖工程(包括基坑开挖)前 14 d,施工单位应根据设计文件、有关施工规范、现场地质条件和自身施工水平,完成土方开挖工程的施工措施计划,并报监理机构批准。

施工措施计划内容至少应包括:

(1)开挖施工平面布置图(含施工交通线路布置);

(2)开挖方法和程序;

(3)施工设备的配置和劳动力安排;

(4)排水或降低水位措施;

(5)开挖边坡保护措施;

(6)土料利用和弃渣措施;

(7)质量与安全保证措施;

(8)施工进度计划等。

2.2.4　石方明挖工程(包括基坑开挖)前 14 d,施工单位应根据设计文件、有关施工规范、标准、现场地质条件和自身施工水平,完成石方开挖工程的施工措施计划,并报监理机构批准。

施工措施计划内容至少应包括:

(1)拟开挖工程项目及概况;

(2)开挖施工总布置图;

(3)开挖方法、程序和施工作业措施;

(4)施工组织管理机构与质量控制措施;

(5)边坡及岩基保护措施;

(6)出渣、弃渣措施,渣料利用计划,土石方平衡计划与渣料场堆置设计;

(7)施工降排水措施;

(8)施工进度计划;

(9)施工设备、辅助设施及配置计划;

(10)劳动力及材料供应计划;

(11)现场生产性试验计划;

(12)施工安全与环境保护措施。

2.2.5　施工单位应在提交土石方明挖工程施工措施计划的同时,按施工图纸的规定和监理人的指示,提交支护工程的施工措施,报送监理机构审批,其内容包括:

(1)支护工程的范围;

(2)工程地质资料和数据;

(3)支护结构形式和细部设计(含受力分析);

(4)支护用的施工设备清单;

(5)各项支护材料试验成果;

(6)边坡围岩稳定监测措施。

### 2.3　料场复勘和土料试验工作

土料场开挖前施工单位应完成料场复勘和土料的试验工作。

## 3　质量控制的内容、措施和方法

### 3.1　质量控制措施和方法

#### 3.1.1　土方开挖质量控制措施

(1)除另有规定外,所有主体工程建筑物的基础开挖均应在旱地进行施工。

(2)在雨季施工中,施工单位应有保证基础工程质量和安全施工的技术措施,有效防止雨水冲刷边坡和侵蚀地基土壤。

(3)开挖过程中,施工单位应经常校核测量开挖平面位置、水平标高、控制桩号、水准点和边坡坡度等是否符合施工图纸的要求。监理人员有权随时抽验施工单位的上述校核测量成果,或与施工单位联合进行核测。

(4)土方明挖应从上至下分层分段依次进行,严禁自下而上或采用倒悬的开挖方法,施工中随时做成一定的坡势以利排水,开挖过程中应避免边坡稳定范围形成积水。

(5)开挖基础面、岸坡的易风化崩解的土层,开挖后不能及时回填的,应按照相关要求预留保护层。

(6)开挖基础面、岸坡的风化岩块、坡积物、残积物和滑坡体应按施工图纸要求开挖清理,并应在填筑前完成,禁止边填筑边开挖。清除出的废料,应全部运出基础范围以外,堆放在监理指定的场地。

(7)开挖基础面应按照相关规范和设计要求,布置方格网点进行取样检验,或挖探井检查。

(8)使用机械开挖土方时,实际施工的边坡坡度应适当留有修坡余量,再用人工修整,应满足施工图纸要求的坡度和平整度。

(9)在开挖边坡上遇有地下水渗流时,施工单位应在边坡修整和加固前,采取有效的疏导和保护措施。

(10)为防止修整后的开挖边坡遭受雨水冲刷,边坡的护坡和加固工作应在雨季前按施工图纸要求完成。冬季施工的开挖边坡修整及其护坡和加固工作,宜在解冻后进行。

(11)基坑开挖时,地下水位必须降至开挖面 0.5 m 以下。

(12)开挖前,清理树根、杂草、垃圾、废渣等,对开挖范围内的勘探孔、竖井、平洞、试坑逐一检查处理。除监理人员另有指示外,主体工程施工场地地表的植被清理必须延伸至离施工图所示最大开挖边线或建筑物基础边线(或填筑坡脚线)外侧至少 5 m 的距离。

主体工程的植被清理须挖除树根的范围应延伸到离施工图所示最大开挖边线、填筑线或建筑物基础外侧 3 m 的距离。

上述植被清理及腐殖土应堆放在监理指定地方。

（13）土方采用机械开挖时，预留保护层需人工开挖或修坡。

### 3.1.2 岩土边坡开挖质量控制措施

（1）各类岩土开挖，应自上而下进行，分层检查、检测及处理，并认真做好原始记录。

（2）应按施工组织设计要求在指定地点出渣，不得任意向其他地段弃渣。

（3）开挖坡面必须稳定，无松动岩块，且不陡于设计坡度。对地质弱面应按设计要求分层进行处理。

### 3.1.3 岩土基础开挖质量控制措施

岩土基础开挖工程包括保护层的清除和地质弱面的处理。

（1）坑槽开挖壁面，应按设计或开挖措施的要求进行处理。

（2）所有主体建筑物的建基面，均应进行联合验收，当确认符合要求后，方可进行下一工序施工。

（3）施工单位在开挖膨胀岩土、湿陷性土等达到设计换填位置后及时进行断面测量，清除零星土块，报监理机构联合验收后，及时填筑。

（4）施工中密切关注揭露的地质情况，发现问题，及时报监理机构，若符合变更条件，按变更处理程序处理。

（5）膨胀岩土开挖施工，尽量做到旱季施工。地下水埋藏较浅的部位加强现场排水，保证地下水位在换土底部 0.5 m 以下。渠道开挖后各工序要紧密衔接，连续施工。

### 3.2 工程质量标准及检测试验

#### 3.2.1 土石方开挖工程完成后，施工单位应会同监理机构进行以下各项的质量检查和验收。

（1）主体工程开挖基础面检查清理的验收。按图纸要求检查基础开挖面的平面尺寸、标高和平整度；取样检测基础土的物理力学性质指标。

（2）永久边坡的检查和验收。永久边坡和坡面平整度的复测检查，边坡永久性排水沟道的坡度和尺寸的复测检查。

（3）渠道边坡开挖质量控制标准分两部分：一级马道以下边坡开挖质量按《南水北调中线一期工程渠道工程施工质量评定验收标准（试行）》（NSBD 7—2007）标准控制；一级马道以上（含马道）边坡开挖、非渠道开挖工程的开挖质量按《水利水电工程单元工程施工质量验收评定标准——土石方工程》（SL 631—2012）控制。

#### 3.2.2 土方或砾石土开挖质量检查项目和标准

马道以下土方开挖主控项目、一般项目的施工质量标准和检查方法及数量见表2-5、表2-6。

表 2-5　土方开挖主控项目施工质量标准和检查方法及数量

| 项次 | 检验项目 | 质量标准 | 检查(测)方法 | 检查(测)数量 |
|---|---|---|---|---|
| 1 | 渗水处理 | 渠底及边坡渗水(含泉眼)妥善引排或封堵,建基面清洁无积水 | 观察、测量与查阅施工记录 | 全数检查 |
| 2 | 渠基压实 | 应符合设计要求 | 取样检查,黏性土采用环刀法、灌水法;砾质土采用灌沙法 | 每个压实层不少于3点 |
| 3 | 渠底高程 | 允许偏差:0 ~ -20 mm | 水准仪测量 | 每个单元测3个断面,每个断面不少于3点 |

表 2-6　土方开挖一般项目施工质量标准和检查方法及数量

| 项次 | 检验项目 | 质量标准 | 检查(测)方法 | 检查(测)数量 |
|---|---|---|---|---|
| 1 | 不良地质土处理 | 渠底及边坡渗水(含泉眼)妥善引排或封堵,建基面清洁无积水 | 观察、查阅施工记录 | 全数检查 |
| 2 | 渠基处理 | 符合设计要求 | 观察、查阅施工记录 | 全数检查 |
| 3 | 开挖预留保护层 | 开挖后不及时衬砌或回填时,预留保护层,厚度符合设计要求 | 观察、测量与查阅施工记录 | 全数检查 |
| 4 | 成型后表面清理 | 表面无显著凹凸,无弹簧土,无松土,平整密实 | 查阅试验报告、施工记录 | 全数检查 |
| 5 | 渠道边坡 | 不陡于设计要求 | 水准仪、全站仪测量 | 每个单元测不少于3个断面 |
| 6 | 渠顶宽度 | 允许偏差:±50 mm | 尺量 | 每个单元测不少于3个断面 |
| 7 | 渠顶高程 | 允许偏差:0 ~ +50 mm | 水准仪测量 | 每个单元测3个断面,每个断面不少于3点 |
| 8 | 渠底宽度 | 允许偏差:0 ~ +50 mm | 尺量、全站仪测量 | 每个单元不少于3个断面 |
| 9 | 渠道开口宽度 | 允许偏差:0 ~ +80 mm | 全站仪测量 | 每个单元不少于3个断面 |
| 10 | 中心线位置 | 允许偏差:±20 mm | 全站仪测量 | 每个单元不少于3点 |

3.2.3　施工单位必须按照现行规范、标准及合同文件要求的项目、数量对用于工程建设的建筑材料进行检测试验。

3.3 施工过程质量控制

3.3.1 土石方开挖重点控制的内容:原始基准点、基准线的确定,测量放样,开挖方案,爆破试验,开挖的强度及设备,建基面保护层开挖,不良地质结构处理等项内容。

3.3.2 开挖过程中,地质监理工程师会同建管处、施工单位人员对岩石性质、结构及断层进行描述,测定断面桩号,如果发现变断面的桩号与设计不符,要及时报告总监理工程师。

3.3.3 测量监理工程师要督促施工单位及时校核设立的中线点、高程点,发现问题及时修正。

3.3.4 开挖过程中要及时检查施工单位所做的施工记录。记录要包括开挖断面、地质描述等项目。对岩性变化部位、断层出露处及岩石风化、破碎地段,监理人员要做详细记录。

3.3.5 监理机构采用跟踪检测、平行检测的方法对施工单位的土石方试验检验结果进行复核。平行检测数量不应少于施工单位检测数量的 5%,跟踪检测不少于施工单位检测数量的 10%。

3.3.6 监理人员采用巡视与旁站相结合的方式进行日常监理工作。规定的待检点必须经监理工程师检查认可后方可进行下一道工序作业。监理员在规定的旁站点旁站,做好旁站记录。

3.3.6.1 旁站监理的工程部位:不良地基处理部位(如渗水处理、流砂、管涌或淤泥质软土等特殊地质情况处理);地质坑孔处理;水井、地道、坑窖处理。

3.3.6.2 旁站监理的内容:

(1)检查施工方案是否批复,检查施工单位现场质检人员是否到岗,以及施工机械、建筑材料准备情况。

(2)施工过程中监督上述部位施工方案执行情况,如发现施工单位存在违反有关规范、标准和设计要求的施工行为,应及时口头令其改正,并对不合格施工部分进行返工处理,同时要记入旁站记录。必要时可报请总监理工程师发出书面整改或暂停通知。

(3)核查进场材料的质量检验报告等,并可在现场监督施工单位进行检验或者委托具有资格的第三方进行复检。

(4)完工后检查施工质量是否达到施工方案要求或设计要求。

(5)做好旁站监理记录和监理日记,保存旁站监理原始资料。旁站监理记录需请施工单位现场负责人现场签字。

(6)督促施工单位安全文明施工。

3.3.6.3 旁站监理的程序:在需要实施旁站监理的关键工序或部位进行施工前 24 h,施工单位应当书面通知驻地监理工程师,驻地监理工程师对施工单位的施工条件进行检查,并安排旁站人员实施旁站监理,施工完毕后保存旁站监理原始资料,及时整理归档。

3.3.7 工序控制。监理人员必须严格工序控制,不同岩性的开挖施工工序为:测量放线→开挖→测量收方;涉及膨胀岩的施工换填,每道工序不经监理人员质量确认,不准进入下道工序或单元施工。

3.4 工程质量评定程序

3.4.1 施工单位应及时做好已完成的开挖工程的单元工程质量评定工作,在各种资料齐备的情况下,依据施工承包合同、设计文件、《水利水电工程单元工程施工质量验收评定标准》(SL 631～639)、《南水北调中线一期工程渠道工程施工质量评定验收标准(试行)》(NSBD 7—2007)中的有关规定进行,在自评等级的基础上,由监理工程师予以最终核定与签认。

### 3.4.2　质量评定方法

工序质量等级分合格、优良。主控项目全部符合质量标准,一般项目逐项应有70%及以上的检验点合格,且不合格点不应集中,工序质量评定为合格;主控项目全部符合质量标准,一般项目逐项应有90%及以上的检验点合格,且不合格点不应集中,工序质量评定为优良。

单元工程质量等级分为合格、优良。各工序施工质量全部为合格,单元工程质量为合格;各工序施工质量全部合格,其中优良工序达到50%及以上,且主要工序质量达到优良,单元工程质量评定为优良。

采取返工重做的工序或单元重新评定质量等级。采取加固补强等措施的工序或单元工程,不得评为优良。

工序质量检验程序见图2-5。

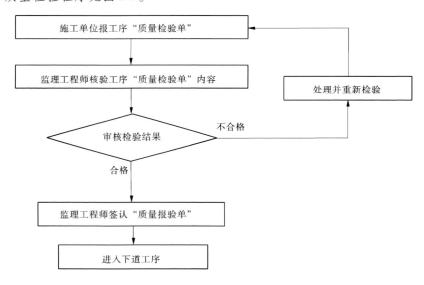

**图2-5　工序质量检验程序**

### 3.5　质量缺陷和质量事故处理程序

### 3.5.1　质量缺陷处理程序

(1)质量缺陷发生后,施工单位应按规定及时提交施工质量缺陷处理措施报审表,经监理机构审核后实施,并将审核结果上报建管处。

(2)经返工、返修或更换器具设备的,经有资质的检测单位鉴定达到设计要求的,应重新进行质量评定或验收。

(3)经有资质的检测单位鉴定虽达不到原设计要求但经原设计单位核算仍可满足结构安全和使用功能的检验批,可予以验收。

(4)经返修或加固的分项、分部工程,虽然改变外形尺寸但仍能满足安全使用要求,可按技术处理方案和协商文件进行验收。

（5）个别部位和局部发生质量缺陷问题的工程，应以工程质量缺陷备案形式进行记录备案。

（6）通过返修或加固仍不能满足安全使用要求的分部工程、单位工程，不予验收。

3.5.2 质量事故处理程序

（1）质量事故发生后，施工单位应按规定及时提交事故报告。监理机构在向建管处报告的同时，指示施工单位及时采取必要的应急措施并保护现场，做好相应记录。

（2）监理机构应积极配合事故调查组进行工程质量事故调查、原因分析、参与处理意见等工作。

（3）监理机构应指示施工单位按照批准的工程质量事故处理方案和措施对事故进行处理。经监理机构组织联合验收检验合格后，施工单位方可进入下一阶段施工。

4 质量评定表填写要求

（1）施工单位必须由专职质检员填写工序质量评定表，质检负责人填写单元工程质量等级评定。

（2）填写必须清晰、规范，资料必须真实、齐全。

（3）施工单位上报监理复核工序质量等级时，必须提供包括三检记录资料、相关试验检测结果资料以及监理要求的其他与质量要求相关的资料。

## 2.3.2.2 坝基土石方开挖监理实施细则

1 总则

1.1 本细则主要依据河南省出山店水库工程施工2标段施工承包合同，河南省出山店水库工程监理2标段工程建设监理合同，合同工程的施工图纸以及有关工程施工和工程验收规程、规范编制。

1.2 本细则适用于河南省出山店水库混凝土坝段（溢流坝段、底孔坝段、电站坝段、右岸非溢流坝段、连接坝段）、土石坝段的土石方开挖。

1.3 适用本项目工程的主要规程、规范：

（1）《爆破安全规程》（GB 6722—2014）；

（2）《锚杆喷射混凝土支护技术规范》（GB 50086—2001）；

（3）《水工建筑物岩石基础开挖工程施工技术规范》（DL/T 5389—2007）；

（4）《水工建筑物地下工程开挖施工技术规范》（DL/T 5099—2011）；

（5）《水利水电工程施工测量规范》（SL 52—2015）；

（6）《水利水电工程施工质量检验与评定规程》（SL 176—2007）；

（7）《水利工程工程单元工程施工质量验收评定标准》（SL 631~639）；

（8）《水利工程施工监理规范》（SL 288—2014）；

（9）《喷射混凝土施工技术规程》（YBJ 226—1991）。

2 审批内容和程序

2.1 开工审批程序和申请内容

2.1.1 承包人完成合同工程开工准备后，向监理机构提交合同工程开工申请表，监理机构在检查开工前发包人提供的施工条件和承包人的施工准备情况满足开工条件后，批复承包人的合同工程开工申请;分部工程开工前,承包人向监理机构报送分部工程开工申请表,经监理机构批准后方可开工;第一个单元工程在分部工程开工批准后开工,后续单元工程凭监理工程师签认的上一单元工程施工质量合格文件方可开工。

2.1.2　监理机构检查的主要内容

2.1.2.1　发包人应提供的施工条件:

(1)首批开工项目施工图纸的提供。

(2)测量基准点的移交。

(3)施工用地的提供。

(4)施工合同约定由发包人负责的道路、供电、供水、通信及其他条件和资源的提供情况。

2.1.2.2　承包人的施工准备情况:

(1)承包人派驻现场的主要管理人员、技术人员及特种作业人员是否满足现场施工需求。如有变化,应重新审查并报发包人认可。

(2)承包人进场施工设备的数量、规格和性能是否符合施工合同约定,进场情况和计划是否满足开工及施工进度的要求。

(3)进场原材料、中间产品和工程设备的质量、规格是否符合施工合同约定,原材料的储存量及供应计划是否满足开工及施工进度的需要。

(4)承包人的检测条件或委托的检测机构是否符合施工合同约定及有关规定。

(5)承包人对发包人提供的测量基准点的复核,以及承包人在此基础上完成施工测量控制网的布设及施工区原始地形的测绘情况。

(6)砂石料系统、混凝土拌和系统或商品混凝土供应方案以及场内道路、供水、供电、供风及其他施工辅助加工厂、设施的准备情况。

(7)承包人的质量保证体系。

(8)承包人的安全生产管理机构和安全措施文件。

(9)承包人提供的施工组织设计、专项施工方案、施工措施计划、施工总进度计划、资金流计划、安全技术措施、度汛方案和灾害应急预案等。

(10)应由承包人负责提供的施工图纸和技术文件。

(11)按照施工合同约定和施工图纸的要求需进行的施工工艺试验和料场规划情况。

2.2　施工测量审批内容和程序

2.2.1　承包单位应在施工放样前7 d,完成施工测量控制网的设计和建立,并将下列成果资料报送监理部批准:

(1)控制网的布置图及测量实施说明;

(2)控制网测量平差计算成果;

(3)施工控制网测量总结及成果表。

2.2.2　承包单位应在上述时段内,根据设计文件及施工条件同时完成测量放样措施计划,并报监理部批准。措施计划包括以下内容:

(1)放样计算成果;

(2)放样程序、技术措施及要求;

（3）数据记录及资料整理；

（4）仪器、人员配置；

（5）质量控制措施及验收措施。

当开挖体剖面由不同地质结构层组成时,应按开挖顺序对下一个地质开挖层进行实地测量放样,并将成果报送监理部审核。

2.3　施工方案审批内容和程序

2.3.1　土方开挖工程(包括基坑开挖)前 14 d,承包单位应根据设计文件、有关施工规范、现场地质条件,完成土方开挖工程的施工措施计划,并报监理部批准。施工措施计划内容至少应包括:

（1）开挖施工平面布置图(含施工交通线路布置)；

（2）开挖方法和程序；

（3）施工设备的配置和劳动力安排；

（4）降排水措施；

（5）开挖边坡保护措施；

（6）土料利用和弃渣措施；

（7）质量与安全保证措施；

（8）文明施工与环境保护措施；

（9）施工进度计划等。

2.3.2　石方明挖工程(包括基坑开挖)前 14 d,承包单位应根据设计文件、有关施工规范、现场地质条件,完成石方开挖工程的施工措施计划,并报监理部批准。施工措施计划内容至少应包括:

（1）拟开挖工程项目及概况；

（2）开挖施工总布置图；

（3）开挖方法、程序和施工作业措施；

（4）爆破方法及典型爆破参数；

（5）边坡及岩基保护措施；

（6）出渣、弃渣措施,渣料利用计划,土石方平衡计划与渣料场堆置设计；

（7）施工降排水措施；

（8）施工进度计划；

（9）施工设备、辅助设施及配置计划；

（10）劳动力及材料供应计划；

（11）现场生产性试验计划；

（12）施工安全与环境保护措施；

（13）文明施工措施；

（14）施工组织管理机构与质量控制措施。

2.3.3　岩石开挖承建单位应先进行必需的爆破试验,并于试验前编制爆破试验计划,报监理部批准。爆破试验计划报告内容应包括:

（1）试验内容和目的；

（2）试验地点和部位选择；

（3）试验组数和爆破参数设计；

（4）观（监）测布置、方法、内容和仪器设备；

（5）试验工作量和作业进度计划；

（6）安全防护措施；

（7）其他必须报送的材料。

爆破工艺试验完成后，根据爆破试验结果，编制岩石爆破施工方案报监理机构批准后实施。爆破作业施工过程中，每次爆破前应进行以下内容检查，并做相应的检查记录：

（1）爆破孔的孔径、孔排距、深度和倾角；

（2）所采用炸药的类型、单孔耗药量和装药结构；

（3）雷管型号和起爆方式；

（4）起爆前进行安全隔离措施、防护措施检查。

2.3.4 承包人应在提交土石方明挖工程施工措施计划的同时，按施工图纸的规定和监理人的指示，提交支护工程的施工措施，报送监理人审批，其内容包括：

（1）支护工程的范围；

（2）工程地质资料和数据；

（3）本工程支护结构形式和细部设计；

（4）支护用的施工设备清单；

（5）各项支护材料试验成果；

（6）边坡围岩稳定监测措施。

# 3 质量控制的内容、措施和方法

## 3.1 质量控制措施

### 3.1.1 土方开挖质量控制措施

（1）除另有规定外，所有主体工程建筑物的基础开挖均应在旱地进行施工。

（2）在雨季施工中，承包人应有保证基础工程质量和安全施工的技术措施，有效防止雨水冲刷边坡和侵蚀地基土壤。

（3）开挖过程中，承包人应经常校核测量开挖平面位置、水平标高、控制桩号、水准点和边坡坡度等是否符合施工图纸的要求。监理人有权随时抽验承包人的上述校核测量成果，或与承包人联合进行核测。

（4）土方明挖应从上至下分层分段依次进行，严禁自下而上或采用倒悬的开挖方法，施工中随时做成一定的坡势，以利排水，开挖过程中应避免边坡稳定范围形成积水。

（5）土石坝基和岸坡易风化崩解的土层，开挖后不能及时回填的，应保留保护层。

（6）坝肩岸坡的风化岩块、坡积物、残积物和滑坡体应按施工图纸要求开挖清理，并应在填筑前完成，禁止边填筑边开挖。清除出的废料，应全部运出坝基范围以外，堆放在合同规定的工地或监理人指定的场地。

（7）使用机械开挖土方时，实际施工的边坡坡度应适当留有修坡余量，再用人工修整，应满足施工图纸要求的坡度和平整度。

（8）在开挖边坡上遇有地下水渗流时，承包人应在边坡修整和加固前，采取有效的疏导和保护措施。

（9）为防止修整后的开挖边坡遭受雨水冲刷,边坡的护面和加固工作应在雨季前按施工图纸要求完成。冬季施工的开挖边坡修整及其护面和加固工作,宜在解冻后进行。

（10）基坑开挖时,地下水位必须降至开挖面0.5m以下。

（11）开挖前,清理树根、杂草、垃圾、废渣等,对开挖范围内的勘探孔、竖井、平洞、试坑逐一检查处理,清理范围为最大开挖边线、填筑线或建筑物基础外侧3m。清除表层腐殖土暂定为30cm厚,表土清基厚度应满足招标文件技术条款的要求。

（12）土方采用机械开挖时,预留10～25cm厚保护层需人工开挖或修坡,避免欠挖。

### 3.1.2　岩石边坡开挖质量控制措施

（1）各类岩石开挖应自上而下进行,分层检查、检测及处理,并认真做好原始记录。

（2）为保证设计边坡线以下岩体不受破坏,在施工中应尽量采取预裂防震措施,或按设计要求留足保护层,然后进行开挖区的松动爆破,边坡保护层开挖采用预裂爆破或光面爆破,承包人应先进行必需的爆破试验,并于试验前编制爆破试验方案,报监理部批准。承包人根据已经批准的爆破试验方案确定相应爆破参数,编制爆破施工方案,报监理部批准。保护层应用浅孔、密孔、少药量的火炮爆破开挖。

（3）爆破开挖应满足《水工建筑物岩石基础开挖工程施工技术规范》(DL/T 5389—2007)和设计要求。

（4）应按施工组织设计要求在指定地点弃渣,不得任意向其他地段弃渣。

（5）开挖坡面必须稳定,无松动岩块,且不陡于设计坡度。

### 3.1.3　岩石基础开挖质量控制措施

（1）岩石基础开挖工程包括保护层的清除。

（2）保护层的厚度一般不小于1m,必须采用浅孔爆破开挖,严格控制炮孔深度和装药量,应自上而下进行、分层分块检查处理,并认真做好原始记录。

（3）爆破开挖应按设计要求和《水工建筑物岩石基础开挖工程施工技术规范》(DL/T 5389—2007)进行。建基面必须无松动岩块、小块悬挂体、裂隙光面、陡坎尖角等。

（4）坑槽开挖壁面,应按设计或开挖措施的要求进行处理。

（5）所有主体建筑物的建基面均应联合进行隐蔽验收。验收符合要求后,填写隐蔽工程验收质量等级评定表,方可进行下一步工程施工。

（6）承包人根据本工程地质情况编制爆破施工方案,采用符合本工程地质情况的爆破方式。

（7）施工中密切关注揭露的地质情况,发现问题及时报监理部。

### 3.2　工程质量标准及检测试验

#### 3.2.1　土石方开挖工程完成后,承包单位应会同监理单位进行以下各项的质量检查和验收。

（1）主体工程开挖基础面检查清理的验收。按图纸要求检查基础开挖面的平面尺寸、标高和平整度,取样检测基础土的物理力学性质指标。

（2）永久边坡的检查和验收。永久边坡和平整度的复测检查,边坡永久性排水沟道的坡度和尺寸的复测检查。

3.2.2　土方或岩石开挖质量检查项目和标准

（1）土方、岩石岸坡和岩石地基开挖按单元工程划分的区段验收评定。

（2）软基或土质岸坡开挖施工质量标准和检查方法及数量见表2-7。

（3）岩石岸坡开挖施工质量标准和检查方法及数量见表2-8。

（4）表土及土质岸坡清理施工质量标准和检查方法及数量见表2-9。

（5）岩石地基开挖施工质量标准和检查方法及数量见表2-10。

（6）地质缺陷处理施工质量标准和检查方法及数量见表2-11。

**表2-7　软基或土质岸坡开挖施工质量标准和检查方法及数量**

| 项次 | 检验项目 | 质量要求 | | | 检验方法 | 检验数量 |
|---|---|---|---|---|---|---|
| 主控项目 | 保护层开挖 | 保护层开挖方式应符合设计要求,在接近建基面时,宜使用小型机具或人工挖除,不应扰动建基面以下的原始地基 | | | 观察、测量、查阅施工记录 | 全数检查 |
| | 建基面处理 | 构筑物软基和土质岸坡开挖面平顺。软基和土质岸坡与土质构筑物接触时,采用斜面连接,无台阶、急剧变坡及反坡 | | | | |
| | 渗水处理 | 构筑物基础区及土质岸坡渗水（含泉眼）妥善引排或封堵,建基面清洁无积水 | | | | |
| 一般项目 | 基坑断面尺寸及开挖面平整度 | 无结构要求或无配筋 | 长或宽不大于10 m | 符合设计要求,允许偏差为 -10 ~ 20 cm | 观察、测量、查阅施工记录 | 检测点采用横断面控制,断面间距不大于20 m,各横断面点数间距不大于2 m,局部突出或凹陷部位（面积在0.5 m² 以上者）应增设检测点 |
| | | | 长或宽大于10 m | 符合设计要求,允许偏差为 -20 ~ 30 cm | | |
| | | | 坑（槽）底部标高 | 符合设计要求,允许偏差为 -10 ~ 20 cm | | |
| | | | 垂直或斜面平整度 | 符合设计要求,允许偏差为20 cm | | |
| | | 有结构要求或有配筋预埋件 | 长或宽不大于10 m | 符合设计要求,允许偏差为0 ~ 20 cm | | |
| | | | 长或宽大于10 m | 符合设计要求,允许偏差为0 ~ 30 cm | | |
| | | | 坑（槽）底部标高 | 符合设计要求,允许偏差为0 ~ 20 cm | | |
| | | | 垂直或斜面平整度 | 符合设计要求,允许偏差为15 cm | | |

**注：**"－"表示欠挖,下同。

表 2-8　岩石岸坡开挖施工质量标准和检查方法及数量

| 项次 | 检验项目 | 质量要求 | 检验方法 | 检验数量 |
|------|---------|---------|---------|---------|
| 主控项目 | 保护层开挖 | 浅孔、密孔、少药量、控制爆破 | 观察、量测、查阅施工记录 | 每个单元抽测 3 处,每处不少于 10 m² |
| | 开挖坡面 | 稳定且无松动岩块、悬挂体和尖角 | 观察、仪器测量、查阅施工记录 | 全数检查 |
| | 岩体完整性 | 爆破未损害岩体的完整性,开挖面无明显爆破裂隙,声波降低率小于 10% 或满足设计要求 | 观察、声波检测(需要时采用) | 符合设计要求 |
| 一般项目 | 平均坡度 | 开挖面不陡于设计坡度,台阶(平台、马道)符合设计要求 | 观察、测量、查阅施工记录 | 总检测点数量采用横断面控制,断面间距不大于 10 m,各横断面沿坡面斜长方向测点间距不大于 5 m,且点数不少于 6 个点;局部突出或凹陷部位(面积在 0.5 m² 以上者)应增设检测点 |
| | 坡角标高 | ±20 cm | | |
| | 坡面局部超欠挖 | 允许偏差:欠挖不大于 20 cm,超挖不大于 30 cm | | |
| | 炮孔痕迹保存率 | 节理裂隙不发育的岩体 >80% | 量测 | |
| | | 节理裂隙发育的岩体 >50% | | |
| | | 节理裂隙极发育的岩体 >20% | | |

表 2-9　表土及土质岸坡清理施工质量标准和检查方法及数量

| 项次 | 检验项目 | 质量要求 | 检验方法 | 检验数量 |
|------|---------|---------|---------|---------|
| 主控项目 | 表土清理 | 树木、草皮、树根、乱石、坟墓以及各种建筑物全部清除;水井、泉眼、地道、坑窑等洞穴的处理符合设计要求 | 观察、查阅施工记录 | 全数检查 |
| | 不良土质的处理 | 淤泥、腐殖质土、泥炭土全部清除;对风化岩石、坡积物、残积物、滑坡体、粉土、细砂等处理符合设计要求 | 观察、查阅施工记录 | 全数检查 |
| | 地质坑、孔处理 | 构筑物基础区范围内的地质探孔、竖井、试坑的处理符合设计要求;回填材料质量满足设计要求 | 观察、查阅施工记录、取样试验等 | 全数检查 |
| 一般项目 | 清理范围 | 满足设计要求。长、宽边线允许偏差:人工施工 0 ~ 50 cm,机械施工 0 ~ 100 cm | 量测 | 每边线测点不少于 5 个点,且点间距不大于 20 m |
| | 土质岸边坡度 | 不陡于设计边坡 | | 每 10 延米量测 1 处;高边坡需测定断面,每 20 延米测一个断面 |

### 表 2-10　岩石地基开挖施工质量标准和检查方法及数量

| 项次 | 检验项目 | 质量要求 | | | 检验方法 | 检验数量 |
|---|---|---|---|---|---|---|
| 主控项目 | 保护层开挖 | 浅孔、密孔、小药量、控制爆破 | | | 观察、测量、查阅施工记录 | 全数检查 |
| | 建基面处理 | 开挖后岩面应满足设计要求,建基面上无松动岩块,表面清洁、无污垢、油污 | | | | |
| | 多组切割的不稳定岩石开挖和不良地质开挖处理 | 满足设计处理要求 | | | | |
| | 岩体的完整性 | 爆破前未损害岩体的完整性,开挖面无明显爆破裂隙,声波降低率小于10%或满足设计要求 | | | 观察、声波检测(需要时采用) | 符合设计要求 |
| 一般项目 | 基坑断面尺寸及开挖面平整度 | 无结构要求或无配筋的基坑断面尺寸及开挖面平整度 | 长或宽不大于10 m | 符合设计要求,允许偏差为－10～20 cm | 观察、测量、查阅施工记录 | 检测点采用横断面控制,断面间距不大于20 m,各横断面点数间距不大于2 m,局部突出或凹陷部位(面积在0.5 m²以上者)应增设检测点 |
| | | | 长或宽大于10 m | 符合设计要求,允许偏差为－20～30 cm | | |
| | | | 坑(槽)底部标高 | 符合设计要求,允许偏差为－10～20 cm | | |
| | | | 垂直或斜面平整度 | 符合设计要求,允许偏差为20 cm | | |
| | | 有结构要求或有配筋预埋件的基坑断面尺寸及开挖面平整度 | 长或宽不大于10 m | 符合设计要求,允许偏差为0～10 cm | | |
| | | | 长或宽大于10 m | 符合设计要求,允许偏差为0～20 cm | | |
| | | | 坑(槽)底部标高 | 符合设计要求,允许偏差为0～20 cm | | |
| | | | 垂直或斜面平整度 | 符合设计要求,允许偏差为15 cm | | |

**表 2-11 地质缺陷处理施工质量标准和检查方法及数量**

| 项次 | 检验项目 | 质量要求 | 检验方法 | 检验数量 |
|---|---|---|---|---|
| 主控项目 | 地质探孔、竖井、平洞、试坑处理 | 符合设计要求 | 观察、量测、查阅施工记录等 | 全数检查 |
| | 地质缺陷处理 | 节理、裂隙、断层、夹层或构造破碎带的处理符合设计要求 | | |
| | 缺陷处理采用材料 | 材料质量满足设计要求 | 查阅施工记录、取样试验等 | 每种材料至少抽检 1 组 |
| | 渗水处理 | 地基及岸坡的渗水(含泉眼)已引排或封堵,岩面整洁无积水 | 观察、查阅施工记录 | 全数检查 |
| 一般项目 | 地质缺陷处理范围 | 地质缺陷处理的宽度和深度符合设计要求。地质及岸坡岩石断层、破碎带的沟槽开挖边坡稳定,无反坡、无浮石,节理、裂隙内的充填物冲洗干净 | 量测、观察、查阅施工记录 | 检测点采用横断面或纵断面控制,各横断面点数不少于 5 个点,局部突出或凹陷部位(面积在 0.5 m² 以上者)应增设检测点 |

3.3 施工过程质量控制

3.3.1 石方开挖重点控制的内容:原始基准点、基准线的确定,测量放样,开挖方案,爆破试验,开挖的强度及设备,建基面保护层开挖,不良地质结构处理等项内容。

3.3.2 开挖过程中,地质勘测单位、承包单位对岩石性质、结构及断层进行描述,测定断面桩号,如果发现与设计不符,及时按规定程序上报。

3.3.3 测量工程师要督促承包单位及时校核设立的中线点、高程点,发现问题及时修正。

3.3.4 开挖过程中要及时检查承包单位所做的施工记录。主要包括钻孔、爆破、开挖断面、地质描述等项目。对岩性变化部位、断层出露处及岩石风化、破碎地段,现场监理要做详细记录。

3.3.5 主要采用巡视检验的方法对开挖质量进行控制。要用好监理日记,日记内容要详细、全面,为审核承包单位的单元工程质量评定打好基础。

3.3.6 规定的待检点必须经监理工程师检查认可后方可进行下一道工序作业。

3.3.7 工序控制。监理严格工序控制,不同岩性的开挖施工工序为:测量放线→开挖→基面验收→测量收方;每道工序不经监理质量确认,不准进入下道工序或单元施工。

3.3.8 原材料、设备、工程等质量检验程序按照投标文件、施工合同及监理规范中规定的报验程序进行报验。

3.4　工程质量评定程序

3.4.1　承包人应及时做好已完成的开挖工程的单元工程质量评定工作,在各种资料齐备的情况下,依据施工承包合同、设计文件、《水利水电工程单元工程质量验收评定标准》(SL 631~639)中的有关规定进行,在自评等级的基础上,由监理工程师予以最终核定与签认。

3.4.2　质量评定方法:依据《水利水电工程单元工程质量验收评定标准》(SL 631~639)中规定的单元工程质量等级合格、优良标准评定单元工程施工质量。采取修补、加固等措施的单元工程,不得评为优良;采取返工措施处理,按照以上方法重新评定。

3.5　质量缺陷和质量事故处理程序

3.5.1　质量缺陷处理程序

(1)质量缺陷发生后,承包人应按规定及时提交施工质量缺陷处理措施报审表,经监理机构审核后实施,并将审核结果上报发包人。

(2)经返工、返修、加固或更换器具、设备的,经有资质的检测单位鉴定达到设计要求的,应重新验收或评定。

(3)经有资质的检测单位鉴定达不到设计要求但经原设计单位核算仍可满足结构安全和使用功能的检验批,可予以验收。

(4)经返修或加固的分项、分部工程,虽然改变外形尺寸但仍能满足安全使用要求的,可按技术处理方案和协商文件进行验收。

(5)通过返修或加固仍不能满足安全使用要求的分部工程、单位工程,不予验收。

3.5.2　质量事故处理程序

(1)质量事故发生后,承包人应按规定及时提交事故报告。监理单位在向发包人报告的同时,指示承包人及时采取必要的应急措施并保护现场,做好相应记录。

(2)监理单位应积极配合事故调查组进行工程质量事故调查、事故原因分析、参与处理意见等工作。

(3)监理单位应指示承包人按照批准的工程质量事故处理方案和措施对事故进行处理。经监理机构检验合格后,承包人方可进入下一阶段施工。

4　施工安全

4.1　承包人的施工安全保证体系

承包人必须根据该专业工程的施工特点,建立健全施工安全保障体系和安全管理规章制度,制定一份施工安全措施文件提交专业监理工程师审批。建立专门检查机构,配备专门的安检人员。

4.2　安全影响因素与预控措施

4.2.1　安全影响因素分析

(1)高边坡开挖:存在滑坡隐患,尤其是雨季,应加强防范,必要时采取一定的保护措施。

(2)防汛度汛:工程存在防汛度汛要求时,做好防汛度汛预案的准备。

(3)交通:该工程工期紧、开挖量大、车辆多,易出现安全隐患。要求进场车辆机械性能完好,持证驾驶。施工道路及时维修养护,加强行人安全教育,特殊地段设置安全标志。

(4)用电:按照用电安全操作规程检查施工用电。电工持证上岗。

(5)天气:注意天气预报,加强防范,主要防止大风、暴雨对工程、人员、设备造成破坏和伤害。

(6)爆破材料:石方开挖需采用爆破作业,炸药的存放、运输、使用必须按照有关规范、规程要求作业。

### 4.2.2　预控措施

(1)监理机构对承包人施工组织设计中的施工安全措施落实情况进行检查,包括:职工施工安全教育、安全手册印发、上岗前进行安全培训等。

(2)安全控制保证体系不健全、落实不到位的不允许开工。

(3)加强施工过程安全检查,发现安全隐患及时指示承包人整改。

(4)发现重大安全隐患继续施工可能危及生命财产和工程安全时,及时下达暂停施工指令,做好防患措施,并及时向发包人报告。

(5)协助发包人在每年汛前对承包人的度汛方案及防汛预案的准备情况进行检查。

(6)高边坡施工时,应随时检查边坡稳定性,所有危岩或不稳定块体均应及时采取撬挖、清理、支护等处理措施。

(7)高边坡施工期间,应设置专门的安全警戒人员,发现不安全因素,及时报警并进行处理。

(8)各项防护措施必须落实到位,确保机械设备、材料、施工通道等处于良好的安全状态,凡不符合安全要求的,应及时进行停工整顿。

(9)土方作业管理。

①严禁使用掏根搜底法挖土或将坡面挖成反坡,以免塌方造成事故。若土坡上发现浮石或其他松动突出的危石,应通知下面作业人员离开,立即进行处理。发现边坡有不稳定现象时,应立即进行安全检查和处理。

②对已开挖的地段,严禁顺坡面流水,必要时坡顶应设截水沟排水,以防渗漏或冲毁边坡,造成塌方。

③在开挖过程中发现有地下水时,应设法将水排除后再进行开挖。根据土质和填挖深度等情况,设计安全边坡和马道,未经设计部门同意不得任意修改边坡坡度。在边坡高于 3 m、陡于 1:1 的坡面上工作时须挂安全绳,在湿润的斜坡上工作时应有防滑措施。

④施工地区受其他条件限制,不能按规定放坡时,应采取固壁支撑措施。雨后、春融、解冻以及处于爆破区放炮后,均应对支撑进行认真检查,发现问题及时处理。

⑤大型机械挖土时,应对机械停放地点、行走路线、运土方式、挖土分层、电源架设等均制订施工措施并进行安全施工交底工作。

⑥采用特殊方式进行土方开挖,应制订相应的施工措施并进行安全技术交底,作业过程中应有人员进行安全监护。

(10)石方作业管理。

①必须采用湿式凿岩或符合工业卫生标准的干式捕尘装置;否则禁止开钻。开钻前,必须检查工作面附近岩石是否稳定,有无瞎炮,发现问题应立即处理,否则禁止工作,严禁打残孔。

②确保钻孔质量符合设计要求,以免由于爆破效果不良导致安全事故。明挖作业开工前应将设计边线外至少5 m范围内的浮石、杂物清除干净,必要时坡顶应挖截水沟并设安全防护栏。

③采用自上而下的方式进行开挖作业时应及时清理边坡沿口、坡面的浮石和危石,进行撬挖作业时应遵守下列规定:

严禁站在石块滑落的方向撬挖或上下层同时撬挖。

在撬挖工作的下方严禁通行并应由专人监护。

撬挖工作应在悬浮层清除并撬成一个确无危险的坡度后,方可收工。

撬挖人员应有适当间距;在悬崖、陡坡上应系好安全绳、佩戴安全带,禁止多人共用一条安全绳;安全绳应挂在牢固的基桩上,禁止以人代桩拉绳;禁止夜间进行撬挖作业。

### 2.3.2.3　挤密土桩、挤密砂桩、CFG桩监理实施细则

1　适用范围和编制依据

细则适用于南水北调中线一期工程总干渠郑州1段范围内的挤密土桩、挤密砂桩和水泥粉煤灰碎石桩(CFG)。根据招标文件和施工图纸,编制依据包括:

(1)《水利工程施工监理规范》(SL 288—2014);

(2)《建筑桩基技术规范》(JGJ 94—2008);

(3)《建筑基桩检测技术规范》(JGJ 106—2003);

(4)《建筑地基基础工程施工质量验收规范》(GB 50202—2002);

(5)《水电水利工程振冲法地基处理技术规范》(DL/T 5214—2005);

(6)《混凝土结构工程施工质量验收规范》(GB 50204—2002);

(7)《地下防水工程质量及验收规范》(GB 50208—2002);

(8)《水利水电工程混凝土防渗墙施工技术规范》(SL 174—1996)。

2　施工前的准备

2.1　一般要求

要求承包人按照相关规范标准和设计文件的要求,在施工前做好下列准备工作:

(1)施工前要进行场地清理。承包人应对施工图纸所示区域进行清理、整平。

(2)承包人应根据施工图纸规定的范围复勘场地地质条件,选择施工机具设备。

(3)施工作业开工前14 d,承包人应编制详细的试验大纲,报送监理人审批。

(4)工艺试验完成后,根据测检结果编写施工方案,报送现场监理机构审批后实施。

2.2　开工前的试验检测

开工前的试验检测分工艺试验前的试验检测和施工前的试验检测。

(1)挤密土桩。施工前应确定回填土料场,进行桩体回填土的击实试验,确定最大干密度,用于控制桩内回填土的压实系数。进行桩间土击实试验,分层确定桩间土最大干密

度,用于计算桩间土的挤密系数。

（2）挤密砂桩。天然砂、人工砂均可作为挤密砂桩回填材料。施工前应检测砂的细度模式、含泥量、石粉含量及其他设计指标。

（3）CFG桩。施工前应对所使用的各种原材料进行试验检测,符合质量检验控制指标,方可用于CFG桩施工。原材料检验包括水泥、粉煤灰、粗细骨料、外加剂等。

## 2.3　工艺试验施工

承包人应根据场地复勘的地质资料,选定有代表性的区域,按监理人批准的试验大纲进行试验,试验施工前做好技术交底工作。

试验区挤密处理前、后的物理力学性质测试。包括:①分层检测土的容重、含水量、孔隙比、颗分、相对密度和击实最大干密度等;②标准贯入;③按规范和设计需进行的其他检测项目。

CFG工艺试验桩检测包括:①桩体完整性;②桩体强度;③根据设计要求检测单桩或复合地基承载力。

试验结束后,承包人应对试验成果进行分析,并将试验的详细记录和试验分析成果报送监理部。试验的作用是对承包人计划的方法和主要技术参数进行试验和评定。根据试验的结果,确定施工工艺和技术,以保证地基处理的效果。

## 3　施工过程中的质量控制

### 3.1　测量放样控制

（1）承包人按照标准规范和设计的要求,在完成施工场地清理和整平工作后,对施工区域进行控制桩的测量放线,然后将施工放样成果报送监理部审批。

（2）绘制各处理区桩位平面布置图,按行列编码编号。

（3）布桩时根据桩位布置图,逐桩定出桩位,并用钢钎插入地下30 cm以上,然后将白灰丢入孔中,防止桩点在施工过程中丢失。

（4）在桩位平面布置图上标示渠道设计边坡线、建筑物设计边线。

（5）根据各处理区渠道或建筑物典型剖面图,确定基础处理桩相对位置。

（6）根据基础处理桩相对位置及清基后桩位地面高程,确定该桩位的实桩桩顶高程、桩顶设计高程、桩底设计高程,控制有效桩长。

### 3.2　挤密土桩施工控制

（1）桩机就位:首先检查桩机的平整度和桩管的垂直度,检查时采用线坠进行检查、调整,保证桩身的垂直度满足要求。进行桩位检查时,桩管横向、纵向移动,使桩尖与桩位对中,桩位偏差满足设计要求。

（2）启动柴油锤振动桩锤,使桩管下沉:桩管下沉入土后,严格控制沉入深度,确保达到设计桩长。桩管下沉过程中,应沿导向架,并始终保持同导杆平行,如发生桩管偏斜须及时扶正桩管。

（3）完成该桩成孔后,桩管提至地面,桩管移到下一桩位。

（4）用夯实机具填土夯实,施工时严格控制土料回填量、落锤高度和锤击次数。

（5）当挤密桩成孔没有达到设计要求时,将原位桩孔回填夯实后复打一次,或在旁边补桩一根。

### 3.3 挤密砂桩施工控制

（1）桩机就位：首先检查桩机的平整度和桩管的垂直度,检查时采用线坠进行检查、调整,保证桩身的垂直度满足验标要求。进行桩位检查时,桩管横向、纵向移动,使桩尖与桩位对中,桩位偏差满足设计要求。

（2）启动桩锤电机(柴油锤)振动桩锤,使桩管下沉：桩管下沉入土后,严格控制沉入深度,确保达到设计桩长。桩管下沉过程中,应沿导向架,并始终保持同导杆平行,如发生桩管偏斜须及时扶正桩管。

（3）灌砂：桩管插入到设计标高时开始上料,上料时控制灌砂量,按照设计砂量的1.2~1.4倍进行灌入,若桩管中一次装不下所要灌入的全部砂量,可以在振动挤密过程中补足。管内填砂的同时向管内通水或压缩空气,利于砂排出桩外,当排砂不畅通时,可适当加大风压,但当拔管快拔出地面时,减小风压,防止砂料外飘。

（4）拔管、桩管下沉：第一次把桩管提升80~100 cm,提升时桩尖自动打开,桩管内砂料流入孔内。桩管按规定速度降落,振动挤压15~20 s(观察料斗中砂料变化,如砂料不减少,说明桩尖没有打开,要继续提升桩管,直到桩尖打开为止)。

（5）沉桩过程中的振动挤密：每次提升桩管50 cm,挤压时间以桩管难以下沉为宜,如此反复升降压拔桩管,直至所灌砂将地基挤密。

（6）完成该桩灌砂量,桩管提至地面,桩管移到下一桩位。桩头部位1 m深度以内要钎探密实。

（7）当砂桩实际灌砂量没有达到设计要求时,在原位将桩管打入,补充灌砂后复打一次,或在旁边补桩一根。

（8）为防止堵管,避免桩体不连续,须做到以下几点：①桩管就位时,管底铺0.05 m³左右的砂,防止淤泥挤入桩底活瓣缝隙；②雨天施工,由于现场砂料含水量大,暂留在桩管内的砂容易在激振力作用下达到密实而不易下料,要求一次性下料量不超过1.0 m³；③现场装载机铲运砂时,避免泥团带进砂料；④成桩结束后,桩管带出的部分淤泥及施工废弃物要及时清除到指定地点,按设计要求进行处理。

### 3.4 CFG桩施工控制

（1）施工前应按设计要求由实验室进行配合比试验,施工时按配合比配制混合料。长螺旋钻孔、管内泵压混合料成桩施工的坍落度宜为160~200 mm。

（2）长螺旋钻孔、管内泵压混合料成桩施工在钻至设计深度后,应准确掌握提拔钻杆时间,混合料泵送量应与拔管速度相配合,遇到饱和砂土或饱和粉土层,不得停泵待料；沉管灌注成桩施工拔管速度应按匀速控制,拔管速度应控制在1.2~1.5 m/min,如遇淤泥或淤泥质土,拔管速度应适当放慢。

（3）施工时实桩顶标高宜高出设计桩顶标高不少于0.5 m。

（4）成桩过程中,抽样做混合料试块,每台机械一天应做一组试块(3块边长为150

mm 的立方体),标准养护,测定其立方体抗压强度。

　　(5)冬期施工时混合料入孔温度不得低于 5 ℃,对桩头和桩间土应采取保温措施。

　　(6)清土和截桩时,不得造成桩顶标高以下桩身断裂和扰动桩间土。

　　(7)褥垫层铺设宜采用静力压实法,当基础底面下桩间土的含水量较小时,也可采用动力夯实法,夯填度(夯实后的褥垫层厚度与虚铺厚度的比值)不得大于 0.9。

　　(8)施工垂直度偏差不应大于 1%;对满堂布桩基础,桩位偏差不应大于桩径的 40%;对条形基础,桩位偏差不应大于桩径的 25%;对单排布桩基础,桩位偏差不应大于 60 mm。

## 4　基础处理旁站控制要点

### 4.1　渠道基础处理挤密砂桩控制要点

　　渠道 SH201 + 177 ~ SH201 + 815 段属于贾鲁河倒虹吸两侧的渠道基础,处理区编号 A、B。挤密砂桩、桩径 0.5 m、桩间距 1.5 m、等边三角形布置。

　　设计说明:①表土清基不少于 0.3 m;②设计桩底高程不大于 99.4 m,且最小有效桩长不小于 4 m;③建筑物开挖范围内实桩桩顶高程为开挖线以上 1.0 m;④挤密桩处理后桩间土相对密度不小于 0.7。

### 4.2　渠道基础处理素土挤密桩控制要点

　　渠道 SH202 + 129.5 ~ SH202 + 773 属于贾峪河退水闸、中原西路分水口门两侧的渠道基础,处理区编号 E、F、G。素土挤密桩桩径 0.45 m、桩间距 1.35 m、等边三角形布置。

　　设计说明:①表土清基不少于 0.3 m;②处理深度为清基线以下不小于 7.0 m;③桩体回填土压实系数不小于 0.97;④素土挤密桩夯填后,基面以上应预留 0.5 m 厚土层,待施工结束后挖除或夯压密实。

　　控制要点:①成孔前,实测清基后桩位原地面高程;②桩长按不小于 7.0 m 控制;③桩顶高程至清基后地面高程;④成桩后基面回填前挖除表层 20 cm,并进行碾压,按渠堤料回填压实度指标控制。

### 4.3　贾鲁河倒虹吸基础处理控制要点

#### 4.3.1　挤密砂桩

　　处理范围:进口斜坡段、出口斜坡段、出口管身段 42.15 m 范围。

　　设计说明:①挤密砂桩完成后,检验合格方可进行 CFG 桩施工;②挤密砂桩正三角形布置,桩径 0.5 m、间距 1.5 m;③1 区桩底高程不大于 102.30 m、3 区桩底高程不大于 98.50 m,且有效桩长不小于 4 m;④2 区、4 区有效桩长不小于 7.0 m。

　　控制要点:①桩顶设计高程,以建筑物开挖底基面高程控制;②按照建筑物开挖范围内实桩桩顶高程为开挖线以上 1.0 m 的要求,施工过程中挤密砂桩实桩桩顶高程按建筑物开挖底基面高程超高 1.0 m 控制;③1 区、3 区按桩顶设计高程、桩底设计高程,且不小于 4.0 m 控制有效桩长;④2 区、4 区以建筑物底基面为设计顶高程,桩长不小于 7.0 m 控制有效桩长;⑤根据招标文件,建筑物挤密砂桩桩间土相对密度不小于 0.75 或不低于设计标准贯入击数。

### 4.3.2　CFG 桩

处理范围:进口斜坡段、出口斜坡段建筑物轮廓线内基础。

设计说明:①挤密砂桩完成检验合格后,方可进行 CFG 桩施工;②CFG 桩正三角形布置,桩径 0.5 m、间距 2.5 m;③A 区有效桩长 10 m、B 区有效桩长 15 m、C 区有效桩长 8 m;④施工实桩桩顶高程宜高出设计桩顶高程 0.5 m。

控制要点:①桩顶高程以建筑物开挖底基面高程控制;②CFG 桩施工过程中实桩桩顶高程以建筑物底基面高程超高 0.5 m 控制;③有效桩长以桩顶设计高程起算控制桩底标高,桩底高程应扣除成孔设备锥形钻头长度;④浇筑过程控制混凝土拌和物质量;⑤检验桩身完整性、桩体强度、复合地基承载力等指标。

## 4.4　左排渡槽基础处理控制要点

郑州 1 段有大李庄、河西台、付庄沟 3 座左排渡槽,槽台以外的进出口建筑物基础采用素土挤密桩处理,消除湿陷性。

桩径、桩间距、有效桩长、桩体回填土压实系数、桩间土挤密系数应符合设计图纸。

控制要点:①素土挤密桩成孔后立即进行夯填,基面以上应预留 0.5 m 厚的土层,施工结束后挖除;②桩顶设计高程以建筑物基底设计高程控制;③有效桩长自建筑物基底设计高程起算。

## 5　质量检验

### 5.1　质量检验控制指标

根据相关施工规范、招标文件和施工图纸确定质量检验控制指标,见表 2-12。

**表 2-12　质量检验控制指标**

| 项目 | 挤密砂桩 | 素土挤密桩 | CFG 桩 |
|---|---|---|---|
| 桩径偏差 | ≤ − 20 mm | ≤ − 20 mm | ≤ − 20 mm |
| 桩位偏差 | ≤0.3$D$ | ≤0.3$D$ | ≤0.4$D$ |
| 垂直度 | ≤1% | ≤1% | ≤1% |
| 桩体 | 实际用砂量与计算用量比≥95% | 桩体回填土压实系数≥0.97 | 桩体试件强度≥10.0 N/mm$^2$ |
| 桩间土 | 渠道:相对密度≥0.70 建筑物:相对密度≥0.75 或大于标准贯入击数 | 最小挤密系数 0.88 | — |
| 桩长 | 按实桩桩顶高程、设计桩顶高程、设计桩底高程、最小桩长等指标控制 | 不小于设计值 |
| 承载力 | — | — | 总桩数1%,不少于3点 |

**注:**1.桩体、桩间土检验点不少于总桩数的2%,检测深度不小于设计深度。

　　2.桩体强度每台机械每天做1组混凝土试件;低应变(完整性)检测不少于总桩数的10%。

5.2　单元工程质量评定

　　参照《水利水电工程单元工程施工质量验收评定标准》(SL 631~639)、《建筑桩基技术规范》(JGJ 94—2008)、《建筑基桩检测技术规范》(JGJ 106—2003)、《建筑地基基础工程施工质量验收规范》(GB 50202—2002)制定单元工程质量评定表,报河南省南水北调中线工程质量监督站郑州建管处分站批准后颁发。

### 2.3.2.4　高压旋喷桩实施细则

1　工程概况

　　本工程为出山店水库大坝临时工程上下游围堰基础,采用高压旋喷桩连续墙进行防渗处理。

2　高压旋喷桩施工准备阶段监理工作要点

　　2.1　审查施工单位资质、资信、业绩和技术力量是否满足工程要求。

　　2.2　审查施工机械设备性能是否可靠、符合标准,各种手续是否齐全,设备数量是否满足工程进度要求。

　　2.3　审查电力供应情况是否正常,电源功率是否满足机械设备需求,是否配置应急发电机组。

　　2.4　查清、标明工程范围内地下管道、管线及一切隐蔽物体和空中、地表障碍物,并提前做好避让、迁移或保护措施。

　　2.5　确保施工便道畅通。

　　2.6　做好施工范围内临时排水,疏通排水系统,雨后无水毁、无冲刷、无阻塞积水现象。

3　开工报告审查要点

　　3.1　开工报告主要包括以下内容:施工技术方案、质量保证体系、安全保障措施、设备机具及人员的配备、材料进场计划、资金流动计划、桩位平面布置图、进场材料报验单、进场设备报验单、原材料试验报告、施工放样报验单等。

　　3.2　正式施工以前监理工程师督促承包人提前 14 d 提交开工报告,以备审查。

4　高压旋喷桩施工监理要点

　　4.1　施工前应根据现场环境和地下埋设物的位置等情况,复核高压喷射注浆的设计孔位。

　　4.2　高压喷射注浆的施工参数应根据土质条件、加固要求通过试验或根据工程经验确定,并在施工中严格加以控制。

　　4.3　高压喷射注浆的主要材料为水泥,本工程无特殊要求,故采用强度等级不小于42.5 级的普通硅酸盐水泥,不使用过期、受潮板结不合格产品。根据需要可加入适量的外加剂及掺和料,外加剂和掺和料的用量应通过试验确定。水泥浆液水灰比按工艺试验结果控制。水泥性能必须符合《通用硅酸盐水泥》(GB 175—2007)的规定,水可采用河道边井水。

　　4.4　高压喷射注浆的施工工序主要包括施工准备、孔位放样、钻孔、浆液配制、高压喷射注浆。喷射注浆压力为 25~40 MPa,注浆管旋转速度为 4~20 r/min,喷浆提升速度为 10～20 cm/min。

4.5　本工程旋喷桩施工采用二管法旋喷,为防止施工时由于相邻两桩施工距离太近或间隔时间太短,造成相邻高喷孔施工时串浆,采用跳孔(按每间隔两孔)施作,具体施工顺序依据现场实际情况确定。旋喷桩设计桩径 1.1 m、桩间距 0.977 m、单排;桩底入岩深度:穿过砂土层,进入岩基 1 m。

4.6　每个作业点施工前必须先打不少于 3 根验证桩,检验机具性能及施工工艺中的各项参数,包括浆液配比、喷浆压力、喷浆量、旋转参数、钻进和提升速度等。

4.7　为满足设计桩径及强度的要求,应严格保证注浆压力及注浆量,对硬土层,采取提高注浆压力、泵量或降低回转、提升速度等措施。

4.8　喷射注浆过程中应避免断浆现象,输浆管不能发生堵塞,制备好的水泥浆不得有离析现象,停置时间不得超过 2 h,若停置时间过长,不得使用。

4.9　在喷射注浆成桩过程中须拆除注浆管时,应先停止提升和回转,同时停止注浆,最后停机,待拆卸完毕继续喷浆时,须重新启动高压泵,待注浆压力泵量正常并达到设计要求后,才能开始注浆,开始喷射注浆段必须与前段搭接 10 cm,防止出现断桩现象。

4.10　在喷射注浆过程中,应注意浆液的初凝时间、注浆量、气压、提升速度及冒浆量等参数,并做好现场记录,同时保证孔内浆液上下畅通、注意观察冒浆情况。

4.11　喷射注浆达到顶标高后,应继续用注浆泵注浆,直至水泥浆从孔口返回。施工期间应妥善处理返浆。

4.12　喷射注浆作业完成后,由于浆液析水作用,一般固体结构均有不同程度的收缩,使固结体顶部出现凹穴,其深度随土质浆液的析水性、固结体的直径和长度等因素的不同而异。此情况采取如下措施预防和处理:旋喷长度比设计桩长度长 0.3～1.0 m,或在旋喷桩施工完毕,将固结体顶部凿去部分,在凹穴部位用混凝土填满或直接在旋喷孔中再次注入浆液,或在旋喷注浆完成后,在固体的顶部 0.5～1.0 m 范围内再钻进 0.5～1.0 m,在原位提杆再注浆复喷一次加强。

5　高压旋喷桩质量控制要点

5.1　施工时严格控制施工参数,现场施工做到及时记录、及时整理,发现问题及时汇报处理。

5.2　在施工时严格遵守操作规程,班组长和技术员应严格进行质量自检。

5.3　施工过程中必须对每根桩的定位、桩长、垂直度、水泥用量、水灰比、喷浆的连续性、喷浆压力及浆液流量、喷浆提升速度等进行严格的控制和跟踪检查。

5.4　渗透系数检查频率不小于旋喷桩总数的 1.0%,且每个分部工程不少于 1 根,当检测结果不满足要求时,对同一阶段实施的旋喷桩应加大检测量,对复检不合格作业段采取补桩措施。

5.5　高压旋喷桩施工质量检验标准见表 2-13。

表 2-13　高压旋喷桩施工质量检验标准

| 项次 | 检查项目 | 规定值或允许偏差 | 检查方法 |
|---|---|---|---|
| 1 | 钻孔垂直度允许偏差 | ≤1% | 实测或经纬仪测钻杆 |
| 2 | 钻孔位置允许偏差 | 50 mm | 尺量 |
| 3 | 钻孔深度允许偏差 | ±200 mm | 尺量 |
| 4 | 桩体直径允许偏差 | ≤50 mm | 开挖后尺量 |
| 5 | 桩身中心允许偏差 | ≤0.2D | 开挖桩顶下 500 mm 处用尺量,$D$ 为设计桩径 |
| 6 | 水泥浆液初凝时间 | 不超过 20 h | |
| 7 | 水灰比 | 1:1.5 | 试验检验 |
| 8 | 两桩交圈有效厚度 | ≥500 mm | 开挖后尺量 |

6　安全生产、文明施工要求

6.1　施工便道应晴天无扬尘,雨天无积水和淤泥,进出口应埋设醒目的标牌、标志。

6.2　施工区段内应悬挂各种提示牌、警告标志。

6.3　施工区段内所有进场材料应堆放整齐,不破坏生态、污染环境,施工机械停放整齐有序。

6.4　施工临时用电线路架设应规范,电器应有安全保护装置,无私拉乱接现象。

6.5　施工区域内杜绝违章指挥和野蛮施工现象。

6.6　施工现场易燃易爆物品必须建立专用仓库,指派专人看管。

### 2.3.2.5　粉喷(水泥土)桩监理实施细则

1　总则

本细则依据工程建设合同文件规定内容、工程设计文件、图纸要求和有关管理法规编制。它适用于粉喷(水泥土)桩专项工程。

2　开工许可证申请程序

2.1　承建单位在具备了粉喷(水泥土)桩施工的开工条件时,应根据合同文件技术条款、设计文件和相应技术规范,结合自然条件和施工技术水平编制施工技术措施计划报监理部审批。施工技术措施计划应包括下述主要内容:

(1)工程简况(包括项目构成、合同或设计工程量、合同工期等);

(2)施工管理、作业劳动组织、机械配置;

(3)施工准备及程序和方法;

(4)施工进度计划;

(5)质量保证体系的建立、质量检验、检测措施;

(6)合同支付计划;

(7)其他需要报告和说明的事项。

2.2　承建单位应在粉喷(水泥土)桩施工前,完成施工放样工作,并将其报监理部批准,其内容如下:

(1)施工范围布置图;

(2)放线依据及对原点检测校核情况;

(3)施测方法,使用的仪器和人员配备;

(4)放线成果(包括记录和平面布置图)。

2.3　上述报送文件连同审签意见单一式四份,经施工单位项目经理签署后递交,监理部审阅后,限时批复。

2.4　除非承建单位接到的审签意见为"修改后重新报送",否则可及时向监理部申请开工许可证。

2.5　监理部在接到承建单位申报开工申请单后,在规定时限内开出工程项目开工许可证。若承建单位在限期内未收到监理部应返回的审签或批复意见,视为已报经审阅。

2.6　如果承建单位未能按期向监理部报送上述文件,由此而造成施工工期延误和其他损失,由承建单位承担合同责任。

## 3　施工过程监理

3.1　施工过程中,承建单位应按报经批准的施工计划,按章作业、安全生产、文明施工。

3.2　每桩完成施工单位认真填写"工程质量报验单",经项目经理签字后报监理工程师验收合格,并签字方可进行下道工序。

3.3　施工过程中,承建单位应实行三检制,并认真对施工质量进行检验、检查,加强技术管理,做好原始资料的记录、整理、归档。

3.4　施工过程中,发现施工技术措施的效果不符合或达不到设计要求时,应及时向监理部报告,提出调整措施报监理部批准后实施。

3.5　施工过程中,当监理工程师需查阅资料和现场记录或者需做检验时,承建单位及作业人员应予以配合、不得拒绝。

3.6　监理部巡视和监理人员旁站、监督和检查,发现施工违反设计及技术要求时,采用口头违规警告,书面违规警告,直至指令返工、停工等方式予以制止,由此造成的工期延误与经济损失由承建单位承担合同责任。

## 4　桩体质量评定标准要求

4.1　桩体直径应符合设计要求;桩身应连续、均匀、密实,用实物冲击有坚实感,不得出现喷粉不匀或漏喷现象。

4.2　桩位偏差在50 mm以内,垂直度偏差不大于桩长的1.5%。

4.3　7 d后用静载或动测法,测定复合地基的承载力,应满足设计承载力要求。

## 5　施工质量控制

5.1　在进行粉喷(水泥土)桩施工前,应对场地进行预压平整。

5.2　施工应全面检查施工设备工作状态是否正常,具体内容包括:

(1)组装架立喷粉桩机,检查主机各部的连接情况;

(2)喷粉系统各部分安装试调情况;

（3）灰罐、管路的密封连接情况。

5.3　成桩时，先用喷粉（水泥土）桩机在桩位钻孔，至设计要求深度后，将钻头以 0.97 m/min 速度边搅拌、边提升，同时边通过喷粉系统将水泥通过钻杆端喷嘴定时定量向搅动的土体喷粉，使土体和水泥进行充分搅拌混合，形成水泥、水、土混合体。

5.4　桩体喷粉要求一气呵成，不得中断，每根桩宜装一次灰并搅喷完；喷粉深度在钻杆上标线控制，喷粉压力控制在 0.5~0.8 MPa。

5.5　严格控制按试验确定的水泥掺和比，以满足桩体施工要求。

5.6　当钻头提升到距离地面约 150 mm 时，喷粉系统停止向孔内喷射水泥；遇有荷载较大和不正常情况，为避免上部受力最大部位因气压骤减出现松散层，提高桩体质量，在桩顶下部 3.5 m 范围内宜再钻进提杆复喷（水泥用量为 10 kg/m）一次，桩体即告完成。

5.7　喷粉（水泥土）桩应自然养护 14 d 以上方可开始挖基坑土方，桩基上部 50 mm 高土层尽可能用人工开挖，避免机械将桩头压碎或施加水平推力造成断桩。切割上部桩头时用人工在周边凿槽再用锤击破碎。

6　其他

6.1　工程支付计量与测量，按施工合同文件规定执行。

6.2　本细则未列其他施工技术要求，针对具体过程应按照施工合同相应技术规定编写施工技术措施，报监理部批准后实施。

6.3　监理部与监理工程师所进行的检查、验收、批准、认证、签字并不表示可以减轻承建单位对保证施工质量和进度所承担的合同责任。

### 2.3.2.6　基础处理（强（重）夯）监理实施细则

1　总则

1.1　本细则主要依据施工承包合同、建设监理合同，合同工程的施工图纸以及有关工程施工的技术标准、规程规范编制。

1.2　本细则适用于强（重）夯地基处理专项工程。

1.3　适用本项目工程使用的技术标准、规程、规范（但不限于）：

（1）《水利工程施工监理规范》（SL 288—2014）；

（2）《建筑地基处理技术规范》（JGJ 79—2002）；

（3）《湿陷性黄土地区建筑规范》（GB 50025—2004）；

（4）招标文件、施工图纸及其技术要求；

（5）《水利水电工程施工质量检测与评定规程》（SL 176—2007）；

（6）《水利水电工程单元工程施工质量验收评定标准》（SL 631~639）。

2　开工审批内容和程序

2.1　地基处理单项工程开工审批程序和申请内容。

2.1.1　单项工程开工前，施工单位必须进行单项工程的施工工艺试验，并在工艺试验开始前 14 d 上报试验方案。在试验成果批准后，施工单位提前 14 d 上报施工方案，经监理机构审核批准后，方可开始正式施工。

2.1.2　监理工程师检查的主要内容：

（1）施工图纸、技术标准、施工技术交底情况；

(2)施工平面布置及施工交通布置情况;

(3)安全生产、文明施工措施计划;

(4)施工程序安排;

(5)施工设备的配置和劳动力安排;

(6)施工期间地下水位情况;

(7)测量及试验情况;

(8)环境保护和水土保持措施计划;

(9)施工安全和质量保证措施落实情况。

2.1.3 审核的主要内容:

(1)试验方案及试验成果审核。

(2)施工方案(施工措施计划)。施工单位应根据施工总进度计划的要求做好施工顺序的安排,在提交的施工措施计划中,应确保基础施工不影响整体工程的计划进度。

2.1.4 地基处理工程必须重视施工面的防水、排水措施。

2.2 地基处理单项工程施工审批内容和程序

2.2.1 施工单位应在单项工程施工前完成以下工作,并通过监理部审核。

(1)测量放样成果报告;

(2)试验性施工方案和试验成果报告;

(3)施工方案。

2.2.2 施工单位必须按照规范、标准、设计要求和批准的相关文件组织施工。因地质情况引发的任何变更,须按照批准的变更文件修改和补充施工方案,批复后实施。

3 质量控制的内容、措施和方法

3.1 强(重)夯施工质量控制标准

(1)强(重)夯处理湿陷性黄土的技术标准为:满足处理深度范围内土层的湿陷系数应小于0.015的规范要求。

初定的强(重)夯参数为:单击夯击能2 000 kN·m,锤重20 t,底面直径2.5 m,落距10 m。夯击击数及遍数为10击3遍,第一遍按正三角形布置,中距6.5 m,第二遍夯点在第一遍之间布置,第三遍满堂布置,最后一遍夯锤落距可降至4~6 m。各遍夯击间隔3~4周。

初定重夯参数分为两种:当夯击能为270 kN·m时,锤重3 t、夯锤落距9 m,夯底直径1.4 m;当夯击能为180 kN·m时,锤重3 t、夯锤落距6 m、夯底直径1.4 m。施工时,夯击自处理起始桩号顺次向后进行,设计采用4击3遍,各遍夯击间隔1~3周。

(2)强(重)夯处理液化层的技术标准要求为:强(重)夯处理后液化层标贯击数不低于临界标贯击数和相对密度不低于0.75(如不能同时满足,应依临界标贯击数为控制指标)。

初定的强(重)夯参数为:单击夯击能3 000 kN·m,锤重20 t,底面直径2.5 m,落距15 m。夯击击数及遍数为夯10击3遍,第一遍按正三角形布置,中距6.5 m,第二遍夯点在第一遍之间布置,第三遍满堂布置,最后一遍夯锤落距可降至4~6 m。各遍夯击间隔3~4周。

强(重)夯施工参数应根据现场施工工艺试验结果确定。

### 3.2　质量控制措施和方法

#### 3.2.1　施工前准备

组织监理人员进行培训,对监理质量控制工作进行交底,熟悉施工图纸、设计技术要求,以及相关规范、规程和标准。参加图纸会审,掌握设计意图。

熟悉已批复的强(重)夯试验方案、试验成果、施工方案。

审查施工单位的强(重)夯起重机械的检验合格证明、有关人员及特殊工种上岗证书。检查施工单位施工前安全、技术交底落实情况。

开工前对施工场地、施工图纸、承包人的人员、设备现场检查,对重要放样点、线进行复核。如果施工单位使用工地实验室自检,还需查看实验室资质。对使用的原材料、半成品进行平行或跟踪检测。

施工前,应对所处理地基进行复勘,获取相关的地质指标,如处理层深度、地下水位和地层含水量等。

#### 3.2.2　施工过程的质量控制

施工过程中对施工单位的施工方法、施工工艺进行经常性的监督检查,发现违规行为及时要求施工单位整改。

对工序质量控制的主要方法是现场巡视、旁站、检测,同时要求承包人认真执行"三检制"。强(重)夯施工工序为:测量放样→取原状土检测(仅强(重)夯试验性施工有)→第一遍夯击→第二遍夯击→第三遍夯击→试验检测。

对可能影响质量的问题及时指令施工单位采取补救措施,不合格必须返工。

按照相关单元工程质量评定要求进行单元工程质量的评定。

认真做好监理日志整理工作,详细记录施工中有关质量方面的问题,并对发生质量问题的现场及时拍照或录像。

#### 3.2.3　强(重)夯重点控制的内容

(1)强(重)夯施工前,测量复核施工范围,检查施工范围的清理和整平工作,确保完全清除表层的腐殖质土层。

(2)查明场地范围内的地下构筑物和各种地下管线的位置及标高等,并采取必要的措施,以免因强(重)夯施工而造成破坏。

(3)当强(重)夯施工所产生的振动对邻近建筑物或设备产生有害影响时,应设置监测点,并采取隔振或防振措施。

(4)当地下水位较高时,应优先采取降低地下水位措施,使地下水位低于坑底面以下2 m。坑内和场内有积水时应及时排出。

(5)正式开始夯实施工前,必须在夯实处理范围内分别选择有代表性的不小于400 $m^2$ 的场地进行现场试验,以确定具体的强(重)夯设计参数。

(6)开始夯击试验或夯击施工前,检查夯锤重、夯锤直径、落距、夯击范围和夯点间距,并进行试夯以检验整个夯击系统的工作情况。

(7)强(重)夯施夯时,点夯时应按照设计点位夯击,满堂夯时强(重)夯夯印互压1/3夯锤直径。

（8）抽检点夯夯沉量,复核单点夯击次数。要求施工单位在测量夯沉量时,测点应固定布置在夯锤顶面靠近中心附近并做明显标志,以保证夯锤在少量倾斜时测量误差最小（夯锤的倾斜角度不得大于 30°）。测量仪器应设置在距夯点距离大于 30 m 的地方,以减少仪器的振动。

（9）夯点的夯击次数,应按现场试夯得到的夯击次数和夯沉量关系曲线确定,并应同时满足下列条件:①强夯最后两击的平均夯沉量不大于 50 mm,重夯最后两击的平均夯沉量不大于 20 mm;②夯坑周围地面不发生过大的隆起;③不因夯坑过深而发生提锤困难。

（10）结合现场监督检查,及时检查和审核施工记录,发现异常（如夯击次数超过设计要求而夯沉量不满足要求,夯坑四周隆起过大等）应及时会同勘察、设计、施工等单位做出处理措施。

（11）强（重）夯施工中要及时检查施工单位所做的施工记录。记录要包括施夯前夯锤重、夯锤直径、落距、夯点间距、夯击范围,夯击过程中的夯击次数、夯沉量和最后两击的平均夯沉量等。

### 3.2.4　监理旁站

监理人员采用巡视与旁站相结合的方式进行日常监理工作。对规定的待检点,必须经监理工程师检查认可后方可进行下一道工序作业。对规定的旁站点,监理员旁站监理,做好旁站记录。

旁站监理的部位:强（重）夯现场及强（重）夯施工前后的试验检测。

旁站监理的内容:

（1）监督检查施工单位按照已批复的强（重）夯试验方案进行试验性施工,并按照有关规定进行强（重）夯试验前后的地基检测工作。

（2）施工过程中发现有违反规范、标准和设计要求的行为,应及时予以纠正,并对不合格施工部位进行返工处理,同时要记入旁站记录。必要时可报请总监理工程师发出书面整改或暂停施工通知。

（3）核查施工单位的各项测试数据和施工记录。监督施工单位对强（重）夯处理后进行检测,必要时监理可要求施工单位委托具有资格的第三方进行检测。

（4）完工后检查施工质量是否达到施工方案要求或设计要求。

（5）做好旁站监理记录和监理日记,保存旁站监理原始资料。旁站监理记录需请施工单位现场负责人现场签字。

（6）督促施工单位安全文明施工。

旁站监理的程序:在需要实施旁站监理的部位进行施工前 24 h,施工单位应当书面通知驻地监理工程师,驻地监理工程师对施工单位的施工条件进行检查,并安排旁站人员实施旁站监理,施工完毕后保存旁站监理原始资料,完工后及时整理归档。

## 4　工程质量检测试验

### 4.1　质量检测要求

（1）检查强（重）夯施工过程中的各项测试数据和施工记录,不符合设计要求时应补夯或采取其他有效措施。

（2）在强（重）夯施工过程中,每个夯点的累计夯沉量不得小于试夯时各夯点平均夯沉量的 95%。

（3）液化土层强夯处理结束后,应从夯击终止时的夯面起至其下 7 m 深度内每隔 1 m 进行标准贯入检测(主要检测项目)和土的相对干密度(或干密度)检测。强(重)夯处理后液化层标贯击数不低于临界标贯击数和相对干密度不低于 0.75(如不能同时满足,应依临界标贯击数为控制指标)。

（4）湿陷性黄土处理在强(重)夯试夯结束后,应从夯击终止时的夯面起至其下 6 m (强夯)、3 m(重夯)深度内每隔 1 m 取样进行室内试验测定土的湿陷系数、干密度,并应满足处理深度范围内土层的湿陷系数小于 0.015 的规范要求。

（5）强(重)夯施工结束后应间隔 7~10 d,在夯实范围内每 500~1 000 m² 面积内的各夯点之间任选 1~2 处,自夯击终止时的夯面起至其下设计处理深度内(不小于设计深度)每隔 1 m 取 1~2 个土样进行室内试验,测定土的湿陷系数(或临界标贯击数)、天然干密度,检测深度应不小于设计处理的深度。

（6）监理机构采用跟踪检测、平行检测的方法对施工单位的检验结果进行复核。取样数量根据工程现场的实际情况确定。

### 4.2　质量检测标准

强(重)夯地基质量检验标准应符合表 2-14 的规定。

**表 2-14　强(重)夯地基质量检验标准**

| 项目 | 序号 | 检查项目 | 允许偏差或允许值 | | 检查方法 |
|---|---|---|---|---|---|
| | | | 单位 | 数值 | |
| 主控项目 | 1 | 地基强度 | | 设计要求 | 按规定方法 |
| | 2 | 地基承载力 | | 设计要求 | 按规定方法 |
| 一般项目 | 1 | 夯锤落距 | mm | ±300(强夯) ±150(重夯) | 钢索设标志 |
| | 2 | 锤重 | kg | ±100(强夯) ±50(重夯) | 称重 |
| | 3 | 夯击遍数及顺序 | | 设计要求 | 计数法 |
| | 4 | 夯点间距 | mm | ±500(强夯) ±1/12 夯锤直径(重夯) | 用钢尺量 |
| | 5 | 夯击范围(超出基础范围距离) | | 设计要求 | 用钢尺量 |
| | 6 | 前后两遍间歇时间 | | 设计要求 | |

**注**:当规范指标与设计不一致时,以设计值为准。

## 5　单元工程质量评定

施工单位应及时做好已完成的强(重)夯工程的单元工程质量评定工作,在各种资料齐备的情况下,依据施工承包合同、设计文件、单元工程质量验收与评定标准有关规定进行,按照批复的单元工程质量评定表格式进行自评,在自评合格的基础上,由监理工程师予以最终核定与签认。

质量评定方法:按照强(重)夯单元工程质量评定表,在主要检查项目符合合格标准的前提下,一般检查项目基本符合合格标准,检测点总数中有70%及以上达到合格标准,即评为合格;其他检查项目符合本标准,检测点总数中有90%及以上符合上述标准的,即评为优良。存在质量问题或缺陷的单元工程,全部返工重做的,可重新评定质量等级;采取工程措施处理后达到设计要求时,只能评为合格。

### 2.3.2.7　混凝土防渗墙工程监理实施细则

1　总则

1.1　本细则依据工程施工合同文件,《水利水电工程混凝土防渗墙施工技术规范》(SL 174—2014)、《水利水电工程钻孔压水试验规程》(SL 31—2003)、《水电工程施工地质规程》(NB/T 35007—2013)、《水工混凝土外加剂技术规程》(DL/T 5100—2014)、《水工混凝土施工规范》(SL 677—2014)等有关技术标准规定和设计图纸编制。

1.2　本细则适用于柔性混凝土和塑性混凝土防渗墙工程。

2　开工许可证申请程序

2.1　施工单位应根据施工合同技术条款,对防渗墙造孔、成墙、浇筑以及设备与施工工作措施等,进行验证性工艺试验,包括墙体材料配合比验证,不能满足质量要求时,施工单位应及时调整配合比。

2.2　试验结束后,施工单位应及时将试验成果进行整理,提出用于实施的生产工艺、设备和相关参数报监理部审核批准后,方可据此编制施工方案。

2.3　施工单位应在防渗墙工程开工以前,根据施工图纸、设计要求、技术规范、施工部位自然条件、施工水平及设备情况,编制施工组织设计报送监理部批准。施工组织设计的内容应包括:

(1)工程概述(包括施工项目、合同工程量及合同工期)。

(2)施工平面布置。

(3)施工工序、工艺和设备配置(包括规格、型号、台时生产率、使用说明)。

(4)使用材料及配比。

(5)施工进度计划。

(6)材料与劳动力投入计划。

(7)组织管理机构。

(8)可能遇到的不良地层或不利施工条件下的造孔、成槽与浇筑措施。

(9)质量控制措施。

(10)安全生产与环境保护措施。

(11)其他按合同文件规定应报告或说明的情况。

2.4　上述报送文件一式四份,经施工单位项目经理或其授权代表签署加盖公章后递交,监理部审阅后在规定时间内批复或根据批复意见修改后重报。

2.5　施工单位收到监理部开工许可后组织实施。

2.6　施工单位未按时向监理部报送相关文件,造成工期延误和其他损失,由施工单位承担合同责任。

3　施工过程监理

3.1　承建单位应在施工前完成防渗墙工程施工准备工作,并报监理部查验。施工准

备工作检查主要内容包括:

(1)钻机、抓斗、其他造孔与开槽设备及其数量是否满足施工要求。

(2)泥浆拌制系统,包括储料场和配料拌和系统、泥浆中转站等,其能力是否满足高峰期用料要求。

(3)泥浆净化回收系统,满足槽孔废浆连续净化、回收利用的要求。

(4)塑性混凝土和柔性材料拌和系统,是否满足拌制质量和高峰期供料强度。

(5)混凝土拌和、输送应满足高峰期防渗墙浇筑的强度要求。

(6)履带吊、汽车吊、直升导管和套接管性能及数量满足泥浆槽孔中墙体浇筑高峰要求。

(7)供电、供水系统满足施工高峰时供电、供水要求。

(8)用于制备防渗墙体和泥浆的原材料(石子、砂、水泥、黏土、膨润土、外加剂)的储存量满足施工用料量的要求。

3.2 防渗墙施工前 7 d,施工单位应对防渗墙轴线、槽孔孔位进行实地放样,并将放样成果报监理部审批。

3.3 施工过程中,施工单位落实施工质量三检制,实行质量跟踪监督制度,按照报经批准的施工组织设计(方案、措施、计划)组织实施,落实安全文明施工措施。

3.4 防渗墙体材料配合比、原材料选用及其配制方法和拌制工艺流程应经现场施工试验验证,并于开始浇筑前 28 d,报监理部批准。

3.5 泥浆的技术性能、制备泥浆原材料、配合比及配制方法、工艺流程、泥浆供应使用、净化回收工艺等,均应经现场施工试验验证,并报监理部批准后实施。

3.6 施工单位应按设计图纸规定的防渗墙施工平台高程施工,其施工方案应报监理部批准。

3.7 防渗墙施工前,施工单位应选择地质条件类似的地点或在防渗墙轴线上进行生产性施工试验。取得造孔、泥浆固壁、墙体浇筑等有关参数资料,并报经监理部批准后,方可正式开展防渗墙施工作业。

3.8 施工过程中,若发现作业效果不符合设计或技术规范要求,应及时调整或修订施工组织设计并报监理部批准后实施,并对不合格工程返工处理。

3.9 防渗墙造孔成槽过程中遇孤石、块球体或弱风化岩层,在确保孔壁安全的前提下,可采取综合措施处理。必须采取孔内钻爆作业时,应提出孔内钻爆设计和措施报监理部批准,并在监理工程师现场监控下实施。

3.10 造孔过程中出现漏浆或塌孔现象时,施工单位除及时测试、记录浆液漏失量和塌孔等详细情况外,应迅速查明原因,采取处理措施,同时通知监理工程师现场查验并将经过、原因和处理结果书面呈报监理部审核。

3.11 防渗墙槽段各孔位、孔深、孔斜、槽孔深度及清孔换浆等工序的检验,应在施工单位质检部门终检(三检)合格的基础上,报监理工程师检验认证,方可进行下一道工序作业。

3.12 施工过程中,监理工程师有权对施工单位现场作业记录和原始资料进行检查。

3.13 现场监理还将对重要作业工序进行巡视、跟踪和检查,发现违规作业,采用口头违规警告、书面违规警告直至指令返工、停工等方式予以制止。由此造成的经济损失与施工延误,由施工单位承担合同责任。

3.14　施工过程中,施工单位加强技术管理,做好原始资料的记录、整理和报验。

## 4　施工质量控制

4.1　防渗墙施工工作平台应坚实、平坦,导向槽口板高度控制应符合设计要求,并保证垂直、稳固、位置准确。

4.2　固壁泥浆原材料应进行物理、化学分析和矿物鉴定,并满足如下要求:

(1)黏土:黏粒含量应大于50%,塑性指数大于20,含砂量小于5%。其中,二氧化硅与三氧化二铝含量比值应达到3～4。

(2)水:对泥浆不得产生不利影响,应通过水质分析认证。

4.3　固壁泥浆拌制方法和时间应通过试验确定,并按报经监理部批准的配合比配制,加量误差值不得大于5%。拌制好的泥浆性能指标应满足合同技术规范和设计文件要求。

4.4　施工过程中,应加强对泥浆性能质量的检验和控制。

新制膨润土泥浆需存放24 h,经充分水溶膨胀后方能使用。贮浆池内的泥浆应经常搅动,防止离析沉淀,控制性能指标均一。净化回收泥浆应检验,其性能指标符合要求才能使用。槽孔内泥浆浆液面应控制在槽口板顶面以下30～50 cm。

4.5　防渗墙槽段长度、成墙厚度、套接厚度控制要求:

(1)槽段按两个期序划分,长度应结合地质条件、施工部位、造孔方法、导管布置、浇筑能力等因素确定,控制在2.8～7.0 m。

(2)成墙厚度应符合设计文件及图纸的要求。

(3)相邻槽孔要求采用套接,墙厚为60 cm时,套接厚度不小于56 cm。必须采用双向反弧桩柱法和平接法时,应报监理部批准后方准实施。

4.6　槽孔中心线和垂直度控制要求:

(1)各单孔开孔中心线位置在设计防渗墙中心线上、下游方向的误差不大于3 cm。

(2)槽孔应平整垂直,2 m一段检查孔斜,两端主孔孔斜率不得大于3‰,其他槽孔孔斜率不得大于4‰,含漂石块球体及基岩面倾斜度较大等特殊部位的孔斜率不得大于5‰。

(3)整个槽孔孔壁控制平整无梅花孔、探头石和波浪形小墙等。

(4)一、二期槽套接孔的两次孔位,在任一深度均应保证搭接墙厚要求。

4.7　槽孔深度控制要求:

(1)槽孔深度结合槽孔主副孔岩样综合判断,防渗墙底部伸入基岩1.0 m,特殊地层由监理工程师组织设计和地质工程师共同研究确定。

(2)相邻两主孔终孔深度差小于1.0 m时,中间副孔深度与较深主孔之差不得大于相邻两主孔之差的1/3;相邻两主孔终孔深度之差大于1.0 m时,其中间副孔深度应取岩样进行基岩鉴定,终孔深度与较深主孔深之差不得大于1.0 m,且副孔孔底高程不得高于两主孔高程的中间位置。

(3)槽孔浇筑时,导管应设置在较深的主孔或副孔内,以确保防渗墙与基岩嵌接的质量。

4.8　清孔换浆控制要求：

(1)清孔换浆结束 1 h 后：①一般黏土泥浆。孔底淤积厚度≤10 cm；孔内泥浆容重<1.25 g/cm³，黏度<30 s，含砂量<10%，且不含粒径大于 5.0 mm 的钻渣；②膨润土泥浆：泥浆容重<1.10 g/cm³，黏度<30 s，含砂量<3%，在 30 min 内失水量<40 mL，不含粒径大于 5.0 mm 的钻渣。

(2)二期槽孔清孔应采用刷子钻头清除套接孔壁上的泥皮，以刷子钻头上基本不带泥屑、孔底淤积不再增加为合格标准。

(3)清孔合格后应在 4 h 内浇筑墙体材料，如因故延长时间应经监理工程师批准，并采取其他防止淤积的措施，但待浇时间最长不得超过 8 h，否则应重新清孔。

4.9　墙体材料配制的原料应分批进行性能检测(水泥按 300 t，砂石料按 400 m³)，并于计划使用前报监理工程师认证。经认证合格被批准使用的原料，在使用前应集中保存，确保原料的物理力学性能、化学性能保持不变。

4.10　墙体材料物理力学控制指标

(1)抗压强度：$R_{28}$ = 2 MPa、保证率 80%；

(2)抗渗系数：$K_{20}$ < 2×10⁻⁷ cm/s；

(3)允许渗透比降：70 ~ 90；

(4)初始切线模量：$E_0$ < 1 000 MPa。

上述指标与设计指标不一致时，采用设计指标。

4.11　墙体材料物理特性控制指标

墙体材料入孔时的坍落度为 18 ~ 20 cm，保持 15 cm 以上的时间应不小于 1.0 h；扩散度为 40 ~ 42 cm，初凝时间应不小于 6 h，终凝时间不宜大于 24 h。

4.12　墙体浇筑质量控制的一般要求：

(1)墙体浇筑导管内径以 20 ~ 25 cm 为宜，并应定期进行密封承压试验；一、二期槽浇筑导管距孔端分别控制小于 1.5 m 和 1.0 m，导管间距不得大于 3.5 m。当孔底高差大于 25 cm 时，导管中心应放置在该导管控制范围内的最低处，导管底口与孔底距离不得大于 25 cm，并不应大于 1.5 倍木球直径。每个导管均应下入木球或排水胆，堵塞导管底口。

(2)墙体浇筑前，导管内要求注入适量的水泥砂浆。浇筑时，控制导管入墙体材料内的深度保持在 1 ~ 6 m。

(3)墙体材料拌和、运输应保证浇筑连续，如中断，时间不得超过 40 min。槽孔内墙体材料上升速度控制不小于 2 m/h，上升面高差不得大于 0.5 m，并要求 30 min 测量一次。同时，至少 2 h 测定一次导管内混凝土面深度，开浇和结尾时应适当增加测量次数。

(4)墙体浇筑时，严禁不合格材料进入槽孔内，并要求在槽口入口随机取样，检验浇筑材料物理力学性能指标。低温季节施工前应先准备好加热、保温和防冻材料，必要时对骨料进行加温。

(5)墙体浇筑过程中，发现导管漏浆或墙体材料内混入泥浆或发生其他意外情况，施工单位除按规定或监理工程师指示处理外，应及时向监理部报告其发生的时间、位置、原因分析、补救措施以及处理经过和结果。

混凝土浇筑结束,墙体设计顶高程以上的浮渣应于 **24 h** 后及时清理。

## 5　质量评定及验收

### 5.1　一般原则和要求

(1)防渗墙工程是隐蔽工程,应严格按照施工合同技术条款、设计文件和施工作业规程进行施工,切实保证工程质量。

(2)施工质量情况须有翔实准确的文字记录,数据清晰准确,资料齐全。其主要记录内容应包括:

①各种原材料试验、检测记录;

②泥浆浆液配比、混凝土配比及其物理力学性能指标检验记录;

③各工序和工艺作业记录;

④防渗墙每个槽孔的详细作业及混凝土配比、坍落度、扩散度、泥浆密度等记录;

⑤各项观测设施的埋设、观测、测试记录;

⑥各项中断、事故、特殊情况处理等记录;

⑦各项质量检查记录;

⑧其他各项必需的记录。

(3)资料要及时整理、分析,绘制浇筑图表,为合同项目验收做好准备。

### 5.2　质量检查内容和质量标准

(1)工序质量检验项目和标准依据施工合同文件技术条款、设计文件及其相应施工技术规范等要求进行。

(2)墙体质量检查项目和标准:

①防渗墙成墙后,施工单位应将施工资料报监理工程师审核并由监理工程师根据施工资料指定检查位置、数量和方法。检查时段控制在成墙 **28 d** 以后。检查方法包括浇筑槽口随机取样、钻孔取芯试验、钻孔压(注)水试验和芯样室内物理力学性能试验。

②浇筑槽口取样试验数量与常规混凝土试验要求相同。钻孔检查按设计、规范要求,特殊情况按监理工程师指令增减。试验项目为 90% 的样品做抗压、抗折强度试验,10% 的样品做渗透系数、允许渗透比降、初始切线模量测试。具体测试样品分配由施工单位提出,报监理部批准。

③合格标准:墙体材料物理力学强度指标和抗渗标准应达到设计值,合格率达 90% 以上。不合格部分的物理力学性能强度指标必须达到设计值的 70% 以上,且不得集中在相邻槽孔中。压(注)水检查的标准为渗透系数 $K < 2 \times 10^{-7}$ cm/s。

④检查孔必须按机械封孔法进行封孔。封孔材料为黏土水泥浆,控制配合比土:灰:水 $=3:1:2$。

⑤当检查不合格时,应按监理工程师指示增加检查孔数。对检查不合格的槽孔段,承建单位应按监理工程师指示进行处理,直至达到合格标准。

### 5.3　单元工程质量评定

在槽段各孔的主要检查(测)项目符合标准的前提下,其他检查项目符合标准,且其他检测项目有 70% 及其以上符合标准的,评为合格;其他检查项目符合标准,且其他检测项目有 90% 及其以上符合标准的,评为优良。

#### 2.3.2.8 混凝土坝监理实施细则

**1 适用范围**

本细则适用于河南省出山店水库混凝土工程(连接坝段、溢流坝段、底孔坝段、电站坝段、右岸非溢流坝段、灌溉洞)。

**2 编制依据**

本细则依据河南省出山店水库工程监理 2 标招标文件、工程施工承包合同、工程建设监理合同、监理规划、设计文件与图纸,以及有关工程施工和工程验收规范、规程编制。

适用本项工程的主要技术标准、规程、规范及技术要求有:

(1)《水利水电建设工程验收规程》(SL 223—2008);

(2)《水利水电工程施工质量检测与评定规程》(SL 176—2007);

(3)《水工混凝土施工规范》(SL 677—2014);

(4)《混凝土结构工程施工质量验收规范》(2011 年版)(GB 50204—2002);

(5)《混凝土质量控制标准》(GB 50164—2011);

(6)《通用硅酸盐水泥》(GB 175—2007);

(7)《混凝土强度检验评定标准》(GB 50107—2010);

(8)《水工混凝土试验规程》(SL 352—2006);

(9)《水工混凝土外加剂技术规程》(DL/T 5100—2014);

(10)《水工混凝土掺用粉煤灰技术规范》(DL/T 5055—2007);

(11)《水利工程施工监理规范》(SL 288—2014);

(12)《水利水电工程单元工程施工质量验收评定标准——混凝土工程》(SL 632—2012);

(13)其他有关混凝土施工的技术规程、规范、标准以及设计文件。

**3 专业工程特点**

本监理标段混凝土工程主要包括连接坝段、溢流坝段、底孔坝段、电站坝段、右岸非溢流坝段、灌溉洞和坝顶混凝土等。其具有体积大、结构复杂、浇筑强度高等特点,易出现裂缝、胀模等问题。

**4 开工条件检查**

**4.1 开工申请程序**

开工申请制度是监理工程师在施工现场进行工程质量预控的重要手段,监理工程师应要求施工单位认真执行开工申请程序。

**4.1.1 分部工程开工申请程序**

施工单位在向监理机构提交合同项目开工申请表的同时,应随之提交按合同进度要求开工建设的分部工程开工申请。

合同项目开工批复由总监理工程师签发。分部工程开工由分管项目负责人签发。

审查的主要内容包括:

(1)施工图纸、技术标准、施工技术交底情况;

(2)主要施工设备到位情况;

(3)施工安全和质量保证措施落实情况;

（4）建筑材料、成品、构配件质量及检验情况；

（5）现场管理、劳动组织及人员组合安排情况；

（6）风、水、电等必需的辅助生产设施准备情况；

（7）场地平整、交通、临时设施准备情况；

（8）测量及有关试验检测资料。

分部工程开工申请的附件应包括：分部工程施工工艺及组织计划，投入设备、劳力，施工进度表，主要工序质量控制的人员、方法、手段和检测制度，安全生产文明施工制度等。同时上报分部工程进度计划、分部工程施工方法。

### 4.1.2　混凝土浇筑开仓审批程序

在混凝土浇筑正式施工前，施工单位须完成相关工程项目的生产性试验或施工工艺试验，并将试验成果上报监理部审批。在混凝土浇筑单项工程开工前，施工单位应根据设计文件、有关施工规范、相关试验成果，完成混凝土浇筑工程的单项工程施工方案，上报监理部批准。

施工方案至少应包括以下内容：

（1）施工平面布置图（含施工交通线路布置）；

（2）混凝土施工方法和程序；

（3）施工设备的配置和劳动力安排；

（4）排水或降低水位措施；

（5）质量与安全保证措施；

（6）施工进度计划等；

（7）安全文明生产。

混凝土浇筑开仓前 14 d 应向监理部提交以下文件：

（1）施工测量放样成果；

（2）混凝土配合比试验报告。监理部应在 7 d 内完成以上报告审核。

混凝土施工开仓浇筑前 12 h，施工单位应向监理机构分管项目负责人提交混凝土开仓报审表（含施工配合比）、安全检查表、混凝土浇筑人员值班表，并经监理工程师现场检查和签发开仓证之后，方可进行混凝土浇筑。

结构物首仓混凝土浇筑之前，应组织召开技术交底会，并布置相关工作。

拌和系统初次运行或更换配合比时必须进行试拌，当与设计指标（坍落度、和易性）相差较大时，参数调整以利于提高混凝土强度为原则，并须报监理机构批准。

施工测量放样成果审批程序。分仓混凝土浇筑前，施工单位应将施工测量放样成果报监理机构复核。

"混凝土浇筑开仓报审表"见《水利工程施工监理规范》（SL 288—2014）CB17，其检查内容包括：

（1）备料情况；

（2）施工配合比；

（3）检测准备；

（4）基面清理检查；

（5）钢筋制安；

（6）模板支立；

（7）细部结构；

（8）预埋件（含止水安装、监测仪器安装）；

（9）混凝土系统准备。

基础隐蔽工程验收程序：承包人按设计要求达到验收条件后，应提交工程施工质量资料，向监理机构提出验收申请；监理工程师对承包人提交的工程资料及施工情况进行检查、审核，提出意见并上报总监理工程师；总监理工程师通知发包人，并组织验收。

## 4.2　其他要求

在混凝土等单项工程开工前 28 d，施工单位还应按照国家、行业规定、建管局有关管理制度、监理机构的要求上报有关安全施工等专项施工方案。如果施工单位未能按期向监理部报送开工申请所必需的材料检验、文件和资料，以及施工方案、专项方案、安全措施等，而造成施工工期延误或其他损失，均由施工单位承担合同责任。若施工单位在限期内未收到监理机构应返回的审签意见或批复文件，可视为已报经批准。

## 5　现场监理工作内容、程序和控制要点

### 5.1　现场监理工作内容

**5.1.1** 检查钢筋、模板、基面处理、预埋件安装工序施工质量是否已通过监理的前期检查验收，并复查现场验收过的工序是否有被扰动、损坏的质量问题，如果有应先行整治。仓面复查重点在：钢筋的间距、保护层厚度；模板的牢固情况与模板缝空隙，特别是一、二期混凝土接缝的严密性。

**5.1.2** 检查工序检验资料，检查填写内容是否齐全、真实，三检表终检签字人是否具有签字资格。

**5.1.3** 检查浇筑基础面（施工缝）是否清理到位（干净、凿毛、散水润湿等），特别是边角有无清仓死角。

**5.1.4** 检查施工缝闭孔泡沫板是否与模板粘贴平整、闭孔泡沫板顶部是否与模板粘贴紧密（可用胶带纸封闭），以避免混凝土在浇筑时进入闭孔泡沫板与模板间夹缝里。

**5.1.5** 检查浇筑止水带安装位置是否符合设计要求，特别是要检查橡胶止水带是否有固定措施，铜止水牛鼻子是否填充合格材料且填充饱满。检查安全检测仪器等埋件安装是否符合设计要求。

**5.1.6** 检查混凝土配合比是否已按照设计配合比由实验室调整为施工配合比，并有符合要求的人员签字。检查混凝土浇筑检测需要的温度计、坍落度检测、含气量检测的仪器、设备是否到位并能正常使用，人员能否正确操作上述仪器设备。

**5.1.7** 检查混凝土搅拌系统、皮带输送机是否运转正常，运输车辆配备是否合理。

**5.1.8** 检查浇筑方案是否符合批复施工方案，检查混凝土的入仓方式、振捣设备是否能满足施工要求。

**5.1.9** 检查施工单位的质检、施工、安全人员是否到位，是否有专职的模板工、钢筋工盯仓。

**5.1.10** 检查水泥、粗细骨料、外加剂等原材料是否检验合格，相应备料能否满足该

仓混凝土浇筑量的要求。

  **5.1.11** 检查施工单位是否拿到监理工程师签署的《混凝土施工配合比》。

## 5.2　工序或单元工程质量控制监理工作程序

  工序或单元工程施工作业完成后,施工单位三检合格后填写工序或单元工程质量报验单,监理人员审查自检记录后进行抽检,检验合格对工序或单元工程质量评定,准许下道工序施工。

## 5.3　控制要点

  混凝土浇筑重点控制内容:浇筑方案、温控措施与施工工艺,测量放样,原材料质量,混凝土配合比,模板安装,钢筋安装,止水、预埋件安装,观测设施埋设,混凝土浇捣,建筑物沉陷缝处理,拆摸与养护,外观质量等。其中,混凝土浇筑、缺陷处理等工序要求旁站监理。

# 6　质量控制工作要求

## 6.1　巡视检查要点

  **6.1.1** 总监理工程师要进行现场质量、安全巡视活动,巡视检查工作内容应包括:①监理机构监理人员实施工程监理工作情况;②施工单位的施工质量进度、投资各方面实施情况;③业主与承包人协作关系情况,搞好工作协调;④工程设计变更、进度计划调整等情况;⑤跟踪检查上次巡视发现问题,发出指令执行落实情况。

  **6.1.2** 监理工程师巡视内容包括:①人员、材料、施工设备动态;②主要施工内容;③存在的问题;④承包人处理意见及处理措施、处理效果;⑤委托人的要求或决定执行情况。

  **6.1.3** 对于巡视发现问题,应指令有关方面及时整改;确需研究决定或需进一步协调的工作可利用监理例会、专题会议等各种方式,对发现问题做出处理以及对下一步工作做出安排。

## 6.2　旁站监理控制要点

  (1)第一盘混凝土拌和料必须先行检验温度、坍落度、含气量,合格后方可进行入仓浇筑。

  (2)检查施工单位是否按照施工方案进行混凝土分层入仓、振捣,监督施工人员对钢筋密集处加强振捣。当混凝土拌和物发生异常变化时,应要求施工单位立即纠正。

  (3)认真检查止水带附近的振捣情况。橡胶止水带、铜止水带附近应调整分层摊铺浇筑的高度,止水带位置应为分层的层面,避免浇筑下料过多而一次性覆盖止水带部位。橡胶止水带不允许有卷曲现象或下搭情况,否则应要求施工单位立即返工将止水带复位再振捣。所有止水带浇筑前必须清理干净(包括浇筑过程中散落的混凝土干渣。)

  (4)墩柱墙浇筑时,必须控制混凝土浇筑的上升速度,避免胀模。

  (5)监理应对模板变形移位进行监督检查,并督促盯仓的模板工对模板巡视检查,发现漏浆及时封堵;发现模板变形,暂停浇筑,待处理完成再继续浇筑。旁站监理应监督施工人员在浇筑过程中振捣棒不随意触及钢筋,不人为扰动钢筋。一旦出现钢筋移位,应立即制止并监督钢筋工将其复位,凡扰动的钢筋复位后应进行二次振捣。

  (6)旁站监理值班记录必须现场填写,监理人员应按照旁站监理值班记录要求的内容客观、认真地填写。浇筑过程记录出现的异常情况和处理措施、处理结果。按照规范和有关文件要求的频次做好温度、坍落度、含气量、混凝土强度、拌和称量偏差等检测工作的抽检工作并记录。旁站值班记录中施工单位现场负责人需当班签字认可。

（7）在冬雨季、高温季节还应检查相应的防护措施是否在浇筑过程中贯彻落实。

（8）当浇筑过程中出现较大质量问题时，应立即通知总监理工程师，并做客观、详细的记录。

## 6.3　试验检测、缺陷处理

### 6.3.1　检测项目标准和检测要求

混凝土拌和均匀性检测。承包人应按要求，对混凝土拌和均匀性进行检测。旁站监理定时检查混凝土拌和站拌和记录，检查各种原材料称量偏差是否满足规范要求。

和易性检测。每班每间隔 4 h 应进行混凝土坍落度的检测，异常情况可加测。

强度检测。结构混凝土的强度等级必须符合设计要求。用于检查结构构件混凝土强度的试件，应在混凝土的浇筑地点随机抽取。施工单位自检时，同一配合比的混凝土每 200 m³ 取样一组、大体积混凝土每 500 m³ 取样一组；同条件养护试件的留置组数应根据实际需要确定。

对有抗渗、抗冻要求的混凝土结构，其抗冻、抗渗混凝土试件应在浇筑地点随机取样。同一工程、同一配合比的混凝土取样不应少于一次。跨年度施工的混凝土结构，每半年取样一次。

现浇结构物外观质量检查：

（1）混凝土拆模后，监理工程师应联合施工单位对混凝土外观质量进行检查，重点检查止水带、结构缝等部位，疑似缺陷处应采用辅助工具进一步详细检查。对检查发现的质量缺陷真实记录，严禁施工单位私自涂抹、掩盖。

（2）质量缺陷处理。对混凝土结构物表面蜂窝、麻面、气泡、空洞等外观质量缺陷，施工单位应申报缺陷处理方案报监理机构批复后实施，同类型质量缺陷可报批专项处理方案。缺陷处理实行旁站监理，对缺陷处理质量、效果进行检查、验收，并按程序备案。

（3）混凝土缺陷处理其他要求：①不得对质量缺陷进行私自处理。②每仓混凝土浇筑完成拆模后，针对发现的质量缺陷要及时总结经验教训，避免出现类似问题。③混凝土缺陷所使用的原材料、外加剂应出具质量检验合格证明材料，必要时应取样送检。所用砂浆、混凝土配合比报批后方可使用。特殊部位、特殊工艺须进行施工工艺试验。④迎水面缺陷处理可采用环氧砂浆、丙乳砂浆、环氧细石混凝土、丙乳细石混凝土。要求处理后的混凝土颜色要与母体颜色基本一致。⑤成立专职队伍进行混凝土质量缺陷处理。

（4）现浇结构的尺寸偏差。现浇混凝土结构尺寸偏差应满足施工规范和设计要求，不应有影响结构性能和使用功能的尺寸偏差，混凝土设备基础不应有影响结构性能和设备安装的尺寸偏差。对超过尺寸允许偏差且影响结构性能和安装、使用功能的部位，施工单位应提出技术处理方案，并经设计、监理、建管单位批准后才能进行处理。对经处理的部位，应重新对其质量、效果、功能进行检查验收。

### 6.3.2　跟踪检测

跟踪检测的检测数量，混凝土试样不应少于承包人检测数量的 7%。

### 6.3.3　平行检测

平行检测的检测数量，混凝土试样不应少于承包人检测数量的 3%，重要部位每种强度等级的混凝土最少取样1组。

7　资料和质量评定工作要求

7.1　资料整理一般要求

(1)施工单位应注重施工原始资料的收集和整理。

(2)凡属规程、规范中的表格和建管、监督、监理要求使用的表格,在使用时任何人不得随意私自更改。当发现表格中有不妥当之处时,应及时和监理部联系商议,由监理部决定是否对表格进行修改。

(3)要求施工单位落实质量检验"三检"制度。

(4)监理工程师在进行单元工程质量评定时,应重点检查三检表、工序质量检验表。试验检测数据应真实、全面客观地反映工程质量状况,不得涂改、编造数据。

(5)各类质量资料严格签字制度,不得代签。

7.2　工程质量评定

7.2.1　单元工程质量评定

施工单位应及时做好已完工程的单元工程质量评定工作,在各种资料齐备的情况下,依据施工承包合同、设计文件、水利水电工程质量等级评定标准、建筑工程质量评定标准中的有关规定进行,在自评等级的基础上,由驻地监理工程师予以最终核定与签认。

7.2.2　分部工程、单位工程质量评定

分部工程、单位工程质量评定执行水利水电建设工程质量评定和水利水电建设工程验收规程的现行文件。

7.3　采用的表式清单

采用的表式清单详见《水利工程施工监理规范》(SL 288—2014)、《水利水电工程单元工程施工质量验收评定标准》(SL 631~637)。

## 2.3.2.9　桥梁工程监理实施细则

1　总则

1.1　编制依据

本细则编制主要依据监理合同、监理规划、施工招标投标文件技术条款、施工图纸以及有关工程施工技术规范和工程验收规程规范编制。

1.2　适用范围

本项细则适用于南水北调中线工程郑州1段桥梁工程,包括钻孔灌注桩基础工程、立柱盖梁、墩台、预应力空心板梁预制、桥面系及桥梁附属工程等。

1.3　适用本项工程的技术标准、规范、规程。

(1)《公路工程施工监理规范》(JTG G10—2006)。

(2)《公路工程质量检验评定标准 第一册 土建工程》(JTG F80/1—2004)。

(3)《公路工程国内招标文件范本》交公路发〔2003〕94号。

(4)《公路桥涵施工技术规范》(JTJ 041—2000)。

(5)《公路工程水泥及水泥混凝土试验规程》(JTG E30—2005)。

(6)其他有关工程施工技术规程、规范、标准及设计文件。

(7)经批准的施工方案。

2　桥梁工程开工审批内容和程序

2.1　施工测量放样成果审批内容和程序

　　2.1.1　承包人应在施工放样前 3 d,根据设计文件及施工条件完成测量放样措施计划,并报监理部批准,措施计划包括以下内容:

　　(1)施工区周围平面和高程控制点设置、校测、编号及平面图;

　　(2)放样计算成果;

　　(3)放样方法、计算方法及其点位精度估算;

　　(4)放样程序、操作规程、技术措施及要求;

　　(5)数据记录及资料整理;

　　(6)仪器、人员配置;

　　(7)质量控制措施及验收措施。

　　2.1.2　放样前,对已有的数据、资料和施工图中的几何尺寸必须校核。严禁凭口头通知或无签字的草图放样。

　　2.1.3　测量工作完成后 7 d 内,按相关要求向监理报送已完成的测量成果资料,以便监理及时对所报送的测量成果进行审核与确认。复测或联合测量不免除承包人所应负的责任。

2.2　现场实验室设置

　　在桥梁工程开工前 56 d,承包人应提交现场实验室的设置计划报送监理人审批,其内容包括现场实验室的规模、试验设备和项目、试验机构设置和人员配备等,且其内容应满足桥梁工程现场试验检测的需要,并取得相应的实验室资质。

2.3　施工措施计划

　　承包人应在桥梁施工前 21 d 编制桥梁工程的施工措施计划,经项目经理签署并加盖公章后报送监理审批,如果承包人未能按期向监理报送上述文件,由此造成施工工期延误和其他损失,均由承包人承担合同责任。措施计划主要内容包括:

　　(1)钢筋、水泥、骨料、粉煤灰、外加剂和模板的品牌型号及供应计划、进场前采集样品的质量状况;

　　(2)施工平面布置图(含施工交通线路布置);

　　(3)桥梁工程各个分部分项的施工方案及工艺;

　　(4)主要工程技术人员及劳动力计划、机械设备配置;

　　(5)经中心实验室批准的标准试验(应满足先期工程的需要);

　　(6)工程质量保证措施;

　　(7)施工安全保证措施;

　　(8)环境保护措施;

　　(9)施工进度计划。

　　施工阶段桥梁监理工作程序见图 2-6。

3　原材料质量控制

　　钢绞线:进场时每盘应有标示牌和出厂合格证,每 60 t 为一批,从每批任取 3 盘,并从其端部正常部位截取一根进行表面质量、直径偏差和拉伸、松弛试验。以上如有一项不合

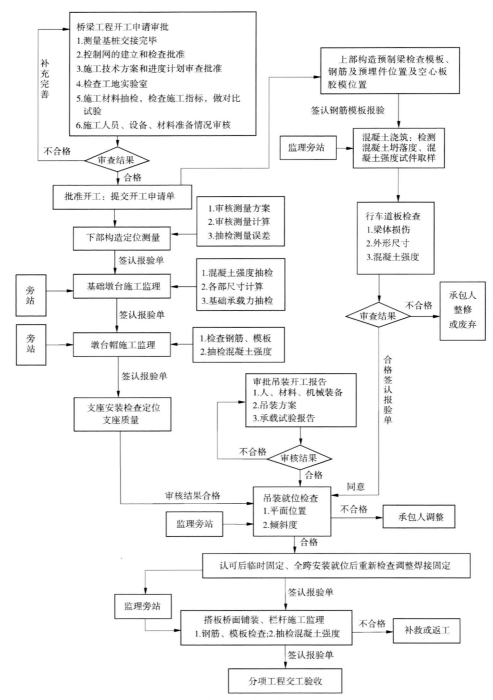

**图 2-6　施工阶段桥梁监理工作程序**

格,则不合格盘报废,并再从该批未做过试验的钢绞线中取双倍数量进行该不合格项复检,如仍有一项不合格,则该批不合格。

锚具、夹具和连接器：应有可靠的锚固性能、足够的承载力和良好的适用性，并符合国家标准《预应力筋锚具、夹具和连接器》（GB/T 14370）的要求，进场时应有出厂合格证、质量证明书及其静载锚固性能试验报告等，进场后以锚具、夹具不超过 1 000 套组、连接器不超过 500 套组为一批进行验收检查，抽取 10% 进行外观检查，抽取 5% 进行硬度检验。

其他原材料按照施工规范要求取样检测。

承包人对原材料应按进场批次检验，检验合格后填写"材料进场报验单"和"工程材料试验台账"一式四份，报试验监理工程师审批。试验监理工程师根据工程材料试验台账决定抽检频次。

## 4　工程质量检验及施工过程控制

### 4.1　钢筋安装

任何构件内的钢筋，在浇筑混凝土以前，须经监理工程师检查认可，方可进行下道工序的混凝土浇筑施工，钢筋安装检查项目见表 2-15。

表 2-15　钢筋安装的检查项目

| 项次 | 检查项目 | | | 规定值或允许偏差 | 检查方法 |
|---|---|---|---|---|---|
| 1 | 受力钢筋间距（mm） | 两排以上排距 | | −5 ~ +5 | 每构件检查 2 个断面，用尺量 |
| | | 同排 | 梁板、拱肋 | −10 ~ +10 | |
| | | | 基础锚定墩台 | −20 ~ +20 | |
| | | 灌注桩 | | −20 ~ +20 | |
| 2 | 箍筋、横向水平箍筋、螺旋筋间距（mm） | | | −10 ~ +10 | 每构件检查 5 ~ 10 个间距 |
| 3 | 钢筋骨架尺寸（mm） | 长 | | −10 ~ +10 | 抽查骨架总数的 30% |
| | | 高、宽或直径 | | −5 ~ +5 | |
| 4 | 弯起钢筋位置（mm） | | | −20 ~ +20 | 每骨架抽 30% |
| 5 | 保护层厚度（mm） | 柱、梁、拱肋 | | −5 ~ +5 | 每构件沿模板检查 8 处 |
| | | 基础、锚定、墩、台 | | −10 ~ +10 | |
| | | 板 | | −3 ~ +3 | |

### 4.2　模板

承包人应在制作模板、安装前 14 d 向监理工程师提交其施工工艺图、应力、稳定性及挠度计算书，经监理工程师批准后才能制作和架设，监理工程师的批准及制作、架设过程中的检查，并不免除承包人对此应负的责任。模板、支架及拱架安装检验内容见表 2-16。

模板的拆除应在保证构件不受损害并能承受自重后进行，一般侧模在混凝土抗压强度达到 2.5 MPa 时可拆除，跨径大于 4 m 的梁、板应在达到混凝土设计强度的 75% 可拆除。

### 4.3　钻孔灌注桩

4.3.1　承包人在灌注桩施工作业前应编制施工措施计划，报监理批准后实施。

表 2-16　模板、支架及拱架安装的允许偏差

| 项目 | | | 允许偏差(mm) |
|---|---|---|---|
| 1 | 模板标高 | 基础 | −15 ～ +15 |
| | | 柱、墙和梁 | −10 ～ +10 |
| | | 墩台 | −10 ～ +10 |
| 2 | 模板内部尺寸 | 上部构造的构件 | −5 ～ 0 |
| | | 基础 | −30 ～ +30 |
| | | 墩台 | −20 ～ +20 |
| 3 | 轴线偏位 | 基础 | −15 ～ +15 |
| | | 柱或墙 | −8 ～ +8 |
| | | 梁 | −10 ～ +10 |
| | | 墩台 | −10 ～ +10 |
| 4 | 装配式构件支撑面的标高 | | −5 ～ +2 |
| 5 | 相邻模板表面的高低差 | | 2 |
| | 模板表面平整 | | 5 |
| 6 | 预埋件中心线位置 | | 3 |
| | 预留空洞中心线位置 | | 10 |
| | 预留空洞截面内部尺寸 | | 0 ～ +10 |
| 7 | 支架和拱架 | 纵轴的平面位置 | 跨度的 1/1 000 或 30 |
| | | 曲线拱架的标高 | −10 ～ +20 |

4.3.2　开钻前,使用的水泥、砂、碎石、外加剂等原材料应有足够的储量且已验收合格;钢筋笼应制作完成并已验收合格;混凝土配合比已批准使用。

4.3.3　钻孔灌注桩施工质量检查要求见表 2-17。

表 2-17　钻孔灌注桩施工质量检查要求

| 项目 | | 质量标准及允许偏差 | 检验及认可 | | | 说明 |
|---|---|---|---|---|---|---|
| | | | 检验频率 | 检验方法 | 检验程序 | |
| 钻孔 | 孔中心位置(mm) | 群桩:100　单排桩:50 | 每一个孔都要严格检验 | 经纬仪检查 | 承包人自检,专业监理工程师复检 | 承包人选用钻机应取得监理工程师的同意,且选派经验丰富的技术人员进行施工 |
| | 倾斜度 | 直桩:<1%　桩斜:小于设计的 ±2.5% | | 井规 | | |
| | 孔深 | 不小于设计 | | 测绳 | | |
| | 孔径(mm) | 不小于设计 | | 井规 | | |
| | 护筒 | 旱地时高出地面 0.3 m,高出地下水位 1.5 ～ 2 m,平面位置偏差 ≤5.0 cm,倾斜度 ≤1% | | 钢尺、水平尺 | | |

续表 2-17

| 项目 | | 质量标准及允许偏差 | 检验及认可 | | | 说明 |
|---|---|---|---|---|---|---|
| | | | 检验频率 | 检验方法 | 检验程序 | |
| 清孔 | | 摩擦桩符合设计要求,当设计无要求时,对于直径≤1.5 m 的桩,沉淀层厚度≤300 mm;对桩径 > 1.5 m 或桩长 > 4 m 或土质较差的桩,沉淀层厚度≤500 mm | 灌注前检查 | 用测绳或沉淀盒 | 承包人自检,专业监理工程师复检 | 保持孔内水头,以防塌孔 |
| 钢筋 | 钢筋骨架底面高程(mm) | ±50 | 每个桩位 | | 承包人自检,专业监理工程师复检 | 防止钢筋骨架上升 |
| | 钢筋材质 | 符合规范规定 | 每批 60 t 一次 | | | |
| 泥浆护壁 | | 符合 JTJ 041—2000 表 6.2.2 要求 | 随时检查 | 比重计、砂率计等 | | |
| 混凝土浇筑 | 水下混凝土配合比 | 除符合普通混凝土要求外,还应符合:粗骨料最大料径≤40 mm 和小于导管内径的 1/6 ~ 1/8、钢筋最小净距的 1/4。细骨料采用中砂,砂率为 40% ~ 50%,水灰比为 0.5 ~ 0.6,坍落度为 18 ~ 22 cm | | | 承包人应在浇筑前 35 d 将做配合比的样品送监理机构复核 | |
| | 浇筑 | 在清孔及钢筋笼检验合格后立即进行,初埋深度大于 1 m,导管埋深 2 ~ 6 m,浇筑的桩顶标高比设计标高高出 0.5 ~ 1.0 m | | | 监理旁站 | |
| 混凝土强度 | | 在合格标准内 | 桩长大于 20 m 取 3 组,其他取 2 组 | 按 JTGE 30—2005 检查 | 监理每桩至少抽检 1 组 | |
| 桩的检测 | | 采用无破损检测,当有异常情况时对桩的部分或全部进行钻芯取样,废桩有承包人自负 | 按规范 100% 进行无破损检测 | 无破损检验法 | 委托监理工程师认可的单位进行 | |

## 4.4　柱、墩台混凝土

桥梁柱、墩台钢筋、模板制作安装,按照表 2-15、表 2-16 要求进行质量检验和评定。

一般体积的柱、墩台、混凝土试件每一单元取 2 组。连续浇筑大体积结构物,每 80 ~

100 m³ 或每一工作班组制取 2 组。

## 4.5 预应力混凝土

4.5.1 承包人应在预应力混凝土施工前,向监理工程师提交施工措施计划,经监理工程师审核批准。

4.5.2 储料仓及预制厂地应硬化,经监理工程师查验合格后投入使用;每次到货的钢绞线和锚具都应附有易于辨认的金属标牌,标明生产厂商、性能、尺寸和日期,并经取样检验合格后才能使用。

4.5.3 用于张拉预应力的千斤顶应采用专为预应力系统设计,并经国家认定的技术监督部门认证的产品,使用前应经有相应资质的单位标定,在使用 6 个月或 200 次后以及使用过程中出现不正常现象时,应重新标定。

4.5.4 使用过程中,应按标定时的一表对应一项配套使用,压力表的精度不低于1.5级,并具有大致 2 倍的工作压力的总压力容量。

4.5.5 预应力钢绞线应存放在离开地面的清洁、干燥环境中,并覆盖防水帆布。

4.5.6 波纹管在安装前应通过 1 kN 径向力的作用,且不变形,同时应做灌水试验,以检查有无渗漏现象,确无变形、渗漏时才能使用。

4.5.7 预应力混凝土的浇筑和养生除应符合普通混凝土的要求外,还应满足:

(1) 拌和后超过 45 min 的混凝土不得使用。

(2) 为避免孔道变形,不允许振捣器触及波纹管。

(3) 混凝土养生时,严禁将水和其他物质灌入孔道,并防止金属管生锈。

(4) 对于混凝土强度试件,梁长 16 m 以下每片制取 1 组、16～30 m 每片制取 2 组、31～50 m 每片制取 3 组、50 m 以上每片制取不少于 5 组,小型构件每批或每工作班至少制取 2 组。

(5) 应根据施工需要,另制取几组结构物同条件养护的试件,作为拆模、吊装、张拉预应力、承受荷载等施工阶段的强度依据。

4.5.8 承包人在张拉开始前,应向监理工程师提交详细的说明、图纸、张拉顺序、张拉应力和延伸量及其计算成果,复核无误后实施。

4.5.9 承包人应选派富有经验的技术人员指导预应力张拉作业,所有操作预应力设备的人员,应通过使用设备的正式训练,张拉工作应在监理工程师在场时进行。

4.5.10 设计文件及施工图纸所示的控制张拉力为锚固前锚具内侧的拉力。在确定千斤顶的拉力时,应考虑锚圈口预应力损失,这些损失以采用的千斤顶系统及通过现场测验而定,一般对钢绞线为3%的千斤顶控制张拉力。

4.5.11 钢绞线的断丝率不得超过该断面总数的1%,每束钢绞线断丝不得超过 1 丝。

4.5.12 在张拉完成后测得的延伸量与计算延伸量之差应在 ±6% 以内,否则应查明原因,采取相应措施进行处理。

4.5.13 每次张拉后,应将下列数据抄录给监理工程师:

(1)每个测力计、压力表、油泵及千斤顶的鉴定号;

(2)测量预应力延伸量的初始应力;

（3）张拉完成时的最后拉力及延伸量；

（4）千斤顶放松以后的回缩量；

（5）在张拉中间阶段测量的延伸量及相应的拉力。

4.5.14　承包人应对真空吸浆工艺进行必要的试验，并制定管道压浆施工方案及详细的说明报监理工程师审查批准后实施。

4.5.15　真空吸浆工艺的技术条件应符合以下要求：

（1）预应力管道及管道两端必须密封；

（2）抽真空时管道内真空度（负压）控制在 $-0.06 \sim -0.1$ MPa；

（3）管道压浆的压力应不大于 0.7 MPa；

（4）水泥浆的水灰比为 $0.3 \sim 0.4$；

（5）水泥浆的浆体流动度为 $30 \sim 50$ s；

（6）水泥浆的泌水率：小于水泥浆初始体积的 2%，4 次连续测试的结果平均值小于 1%，拌和后泌水应在 24 h 内全部被浆吸收；

（7）浆体初凝时间为 6 h；

（8）浆体体积变化率小于 2%；

（9）浆体强度符合图纸规定。

4.5.16　真空吸浆的管道在 24 h 内不得受振动，压浆后 48 h 内混凝土温度不得低于 5 ℃，当白天气温高于 35 ℃时压浆宜在夜间进行。

4.5.17　承包人应按经监理工程师批准的压浆方案中的压浆顺序、方法及安全操作事项进行施工，并做好压浆记录，包括每个管道的压浆日期、浆体水灰比、掺加料、流动度、试件强度、管道真空度、压浆压力等，这些记录应在压浆后抄送监理工程师。

4.5.18　后张法预应力张拉施工质量控制见表 2-18。

表 2-18　后张法预应力张拉施工质量控制

| 项次 | 检查项目 | | 规定值或允许偏差 | 检查方法和频率 |
|---|---|---|---|---|
| 1 | 管道坐标（mm） | 梁长方向 | 30 | 抽查 30% 每根查 10 个点 |
| | | 梁高方向 | 10 | |
| 2 | 管道间距（mm） | 同排 | 10 | 抽查 30% 每根查 5 个点 |
| | | 上下层 | 10 | |
| 3 | 张拉应力值 | | 符合图纸要求 | 查张拉记录 |
| 4 | 张拉伸长率 | | ±6% | 查张拉记录 |
| 5 | 断丝滑丝数 | 钢束 | 每束一根且每断面不超过总数的 1% | 查张拉记录 |
| | | 钢筋 | 不允许 | |

## 4.6　梁板安装

采用起重设备吊装梁板应报专项施工方案，经监理工程师审核批准后实施。预制梁安装于支座上成为简支状态后要及时设置保护支撑将梁固定连接以确保安全。梁板安装检查项目见表 2-19。

**表 2-19　梁板安装检查项目**

| 项次 | 检查项目 | | 规定值或允许偏差 | 检查方法和频率 |
|---|---|---|---|---|
| 1 | 支撑中线偏位<br>（mm） | 梁 | 5 | 尺量：每孔抽查 4~6 个支座 |
| | | 板 | 10 | |
| 2 | 倾斜度(%) | | 1~2 | 吊垂线：每孔检查 3 片梁 |
| 3 | 梁板顶面高程(mm) | | +8，−5 | 水准仪：抽查每孔 2 片，每片 3 点 |
| 4 | 梁板相邻高差(mm) | | 8 | 尺量：每相邻梁 |

## 4.7　桥梁结构工程质量要求

所有部位的混凝土结构均要求在合格标准内，评定方法按《公路工程质量检验评定标准 第一册 土建工程》(JTG F80/1—2004)进行，见表 2-20。

**表 2-20　混凝土结构质量检验标准**

| 项目 | 质量标准 | 允许偏差 | 检验及认可 | | 检验程序 |
|---|---|---|---|---|---|
| | | | 检验频率 | 检验方法 | |
| 承台 | 位置、尺寸、钢筋布置及保持层均应符合图纸要求 | 断面尺寸：±30 mm | 逐个检查 | 用尺长宽各量 3 处 | 承包人自检合格后报监理工程师复查 |
| | | 顶面高程：±20 mm | | 水准仪测四角高程 | |
| | | 轴线偏位：±15 mm | | 用经纬仪检测 | |
| 重力式墩台 | 位置、尺寸、钢筋布置及保持层均应符合图纸要求，外露面光洁、平整，无露筋、蜂窝、漏浆等不良缺陷 | 大面积平整度：5 mm | 同上 | 2 m 直尺检查 | |
| | | 预埋件位置：10 mm | | 用尺量 | |
| | | 断面尺寸：±20 mm | | 用尺长宽各量 2 处 | |
| | | 垂直度：0.3% × 墩台高度且不大于 20 mm | | 用垂线检查 | |
| | | 顶面高程：±10 mm | | 用水准仪测 3 处 | |
| | | 轴线偏位：±10 mm | | 用经纬仪检测 | |
| 桩式墩台 | 位置、尺寸、钢筋布置及保持层均应符合图纸要求，外露面光洁、平整，无露筋、蜂窝、漏浆等不良缺陷。立桩混凝土应一次连续浇筑完成，不得留施工缝 | 桩相邻间距：±15 mm | 同上 | 柱相邻间距用尺量顶、中、底 3 处，其余用相应方法 | |
| | | 断面尺寸：±15 mm | | | |
| | | 垂直度：0.3% × 桩高度，且≤20 mm | | | |
| | | 桩顶高程：±10 mm | | | |
| | | 轴线偏位：±10 mm | | | |

续表 2-20

| 项目 | 质量标准 | 允许偏差 | 检验及认可 | | |
|---|---|---|---|---|---|
| | | | 检验频率 | 检验方法 | 检验程序 |
| 墩台帽 | 截面尺寸及支座部位高程应严格控制,以满足图纸设计要求,钢筋配置与布设准确。混凝土外露面光洁,无露筋、蜂窝、漏振等不良缺陷 | 支座位置:5 mm | 逐个检查 | 用尺量 | 承包人自检合格后报监理工程师复查 |
| | | 预埋件位置:5 mm | | 用尺量 | |
| | | 断面尺寸:±20 mm | | 用尺量 | |
| | | 轴线偏位:±10 mm | | 用经纬仪检测 | |
| | | 支座处顶面高程:<br>简支梁 ±10 mm<br>连续梁 ±5 mm<br>双支座梁 ±2 mm | | 用水准仪检测 | |
| 梁板 | 预制或就地浇筑都应按图纸要求的尺寸、钢筋布设、保持层厚度来施工,存放和吊装时,都要严格按操作规程操作。<br>预应力混凝土梁和板要求见预应力混凝土表 | 预制:<br>宽度干接缝 ±10 mm<br>湿接缝 ±20 mm<br>高度 ±5 mm(箱梁0,−5 mm)<br>长度 +5 mm,−10 mm<br>梁肋厚度 +10 mm,0<br>预埋件位置 5 mm<br>平整度 5 mm<br>支座表面平整度 2 mm<br>跨径 ±20 mm<br>就地浇筑:<br>断面尺寸 +8 mm,−5 mm<br>长度 0,−10 mm<br>轴线偏位 10 mm<br>平整度 8 mm<br>支座板平面高差 2 mm | 每片梁量 3 处 | 用钢尺、经纬仪等检查 | |
| 桥面铺装 | 所用材料见有关表格,水泥混凝土桥面铺装见表"水泥混凝土路面",沥青混凝土桥面铺装见"沥青混凝土路面"。桥面铺装应与伸缩缝相配合。泄水管伸出结构物外10～15 cm,并且防止堵塞 | 平整度:不大于 3 mm | 3 点/100 m,每处用 3 m 直尺连续量 3 尺,1 点/尺 | | |
| | | 纵断高程:−0,+10 mm | 用水准仪测,5 点/100 m | | |
| | | 横坡度:<br>水泥混凝土 ±0.15% ,<br>沥青面层 ±0.25% | 3 个断面/100 m | | |
| | | 宽度:±10 mm | 3 处/100 m | | |

## 4.8　桥梁总体

4.8.1　桥梁的内外线轮廓应顺滑清晰,无突变、明显折变或反复现象。

4.8.2　栏杆、防护栏、灯柱和缘石的线形顺滑流畅,无折变现象。

4.8.3　施工控制检查项目见表 2-21。

表 2-21　桥梁总体检查项目

| 项次 | 检查项目 | | 规定值或允许偏差 | 检查方法和频率 |
|---|---|---|---|---|
| 1 | 桥面中线偏位(mm) | | 20 | 全站仪检查 3 ~ 8 处 |
| 2 | 桥宽(mm) | 车行道 | ±10 | 尺量:每孔 3 ~ 5 处 |
| | | 人行道 | ±10 | |
| 3 | 桥长(mm) | | +300, -100 | 全站仪、钢尺检查中线位置 |
| 4 | 引道中线和桥中线的衔接(mm) | | 20 | 全站仪、钢尺检查桥路中线位置偏差 |
| 5 | 桥头高度衔接(mm) | | ±3 | 水准仪:桥两头测高程 |

## 5　监理巡视及旁站

### 5.1　监理巡视重点

对正在施工的分项、分部工程进行质量、安全检查,包括安全管理人员是否按规定到岗;特种作业人员是否持证上岗;现场使用的原材料或混合料、外购产品、施工机械设备及采用的施工方法与工艺是否与批准的一致;质量、安全及环保措施是否落实到位;试验检查仪器、设备是否按规定进行了校准;是否按规定进行了施工自检和工序交接。

### 5.2　旁站项目

主要对工艺试验项目、重要隐蔽工程和完工后无法检测其质量或返工会造成较大损失的工程进行旁站。发现问题立即纠正,当可能危及工程质量、安全时,监理人员应立即制止并及时向驻地监理工程师或总监理工程师报告。旁站项目见表 2-22。

## 6　施工安全管理及环境保护

### 6.1　施工安全管理

开工前,监理工程师应重点检查施工组织设计中的安全技术措施或专项施工方案强制性标准是否得到执行或落实,审查合格方可开工。检查重点如下:

(1)安全管理和安全保证体系的组织机构,包括项目经理、专职安全管理人员、特种作业人员配备的数量及安全资格培训持证上岗情况。

(2)是否制定了施工安全生产责任制、安全管理规章制度、安全操作规程。

(3)施工单位的安全防护用具、机械设备、施工机具是否符合国家有关安全规定。

(4)是否制订了施工现场临时用电方案的安全技术措施和电气防火措施。

(5)施工场地布置是否符合有关安全要求。

(6)生产安全事故应急救援预案的制订情况,针对重点部位和重点环节制订的工程项目危险源监控和应急预案。

(7)施工人员安全教育计划、安全交底安排。

(8)安全技术措施费用的使用计划。

表 2-22　旁站项目

| 单位工程 | 分部工程 | 分项工程 | 旁站工序或部位 |
|---|---|---|---|
| 桥梁工程 | 基础及下部构造 | 桩基 | 试桩、钢筋笼安放、混凝土灌筑 |
| | | 地下连续墙 | 混凝土浇筑 |
| | | 沉井灌注顶板混凝土 | 定位、下沉、灌注封底混凝土 |
| | | 桩的制作、墩台帽、组合桥台 | 预应力张拉、压浆 |
| | 上部构造预制和安装 | 预应力筋的加工和张拉 | 预应力张拉、压浆 |
| | | 转体施工拱 | 桥体预制、接头混凝土浇筑 |
| | | 吊杆制作和安装 | 穿吊杆、预应力束张拉、压浆 |
| | 上部构造现场浇筑 | 预应力筋的加工和张拉 | 预应力张拉压浆 |
| | | 主要构件浇筑、悬臂浇筑 | 主梁段混凝土浇筑、压浆 |
| | | 劲性骨架混凝土拱桥、钢管混凝土拱桥 | 混凝土浇筑 |
| | 总体、桥面系和附属工程 | 桥面铺装 | 试验工程 |
| | | 钢桥面板上沥青混凝土面层 | 面层铺筑 |
| | | 伸缩缝安装，大型伸缩缝安装 | 首件安装 |

　　(9)对于分包工程,应审查分包合同中是否明确了施工单位与分包单位自身在安全生产方面的责任。

　　(10)监理工程师在巡视、旁站过程中应监督施工单位按专项安全施工方案组织施工,并督促其安全生产自查工作、落实安全技术措施。对危险性较大的工程作业要定期巡视检查,如发现施工单位未按安全规定施工,存在安全隐患,应立即书面指令其整改,情节严重的应暂停其施工并及时报告建管单位。

　　(11)建立施工安全监理台账,对在巡视、旁站、检查中发现的施工安全情况、存在的问题、监理的指令及施工单位的处理措施和结果及时记入台账。对安全事故现场未处理完成的分项、分部工程交工验收时,不得签发中间交工证书。

## 6.2　环境保护

　　监理工程师应审查施工组织设计是否按设计文件和环境影响评价报告的有关要求制订了施工环境保护措施,审查合格后才能同意开工。开工后,在巡视、旁站中,应随时检查施工单位制订的环境保护措施的落实情况,主要检查内容有:

　　(1)是否落实了施工环境保护责任人。

　　(2)是否对施工人员进行了环保教育。

　　(3)施工场地的布设是否符合相关环保要求。

　　(4)职业危害的防护措施是否健全。

　　(5)施工现场(含临时便道、拌和站、预制场和料场等)是否洒水防尘,是否按要求采取降噪措施,料场布设是否合理及是否采取减少运输漏洒措施,施工废水、渣土、生活污水、垃圾处理是否合理等。

（6）是否按批准的取弃土场取弃土,结束后是否采取了防护和植被恢复措施。

（7）施工中如发现违反有关环保规定及未落实环保措施的情况,应书面指令施工单位整改,情节严重的,应指令其暂停施工,并报告建设单位。

（8）施工中发现文物时,应要求施工单位依法保护现场,并报告有关部门和建设单位。对于砍伐树木,施工单位应依法取得采伐证后才能进行,并注意保护野生动物、植物。

# 7　工程质量评定

施工单位应对各分项工程按《公路工程质量检验评定标准 第一册 土建工程》(JTG F80/1—2004)要求对工程质量进行自我评分。监理工程师应按规定要求对工程质量进行检查,对施工自查资料进行签认和评分。

质量监督部门将根据抽查资料和确认的施工自查资料,以及监理工程师的质量管理资料对工程质量逐级进行评定,作为交工、竣工验收评定质量等级的依据。

公路工程质量检验评分以分项工程为评定单元,采用100分制评分办法。在分项工程评分的基础上,逐级计算各相应分部工程、单位工程评分值、建设项目的单位工程优良率和评分值。

## 7.1　分项工程质量评分方法

分项工程质量检验内容包括基本要求、实测项目、外观鉴定和质量保证资料四个部分。只有在其使用的原材料、半成品、成品及施工工艺符合基本要求的规定,且无严重外观缺陷和质量保证资料真实并基本齐全时,才能对分项工程质量进行检验评定。

涉及结构安全和使用功能的重要实测项目为关键项目(以"△"标识),其合格率不得低于90%(属于工厂加工制造的交通工程安全设施及桥梁金属构件不低于95%,机电工程为100%),且检测值不得超过规定极值,否则必须进行返工处理。

实测项目的规定极值是指任一单个检测值都不能突破的极限值,不符合要求时该实测项目为不合格。

采用JTG F80/1—2004附录B至附录I所列方法进行评定的关键项目,不符合要求时,该分项工程评为不合格。

分项工程的评分值满分为100分,按实测项目采用加权平均法计算。存在外观缺陷或资料不全时,须予减分。

$$分项工程得分 = \frac{\sum[检查项目得分 \times 权值]}{\sum 检查项目权值}$$

$$分项工程评分值 = 分项工程得分 - 外观缺陷减分 - 资料不全减分$$

（1）基本要求检查:分项工程所列基本要求对施工质量优劣具有关键作用,应按基本要求对工程进行认真检查。经检查不符合基本要求规定时,不得进行工程质量的检验和评定。

（2）实测项目计分:对规定检查项目采用现场抽样方法,按照规定频率和下列计分方法对分项工程的施工质量直接进行检测计分。检查项目除按数理统计方法评定的项目外,均应按单点(组)测定值是否符合标准要求进行评定,并按合格率计分。

$$检查项目合格率(\%) = \frac{检查合格的点(组)数}{该检查项目的全部检查点(组)数}$$

$$检查项目得分 = 检查项目合格率 \times 100$$

（3）外观缺陷减分：对工程外表状况应逐项进行全面检查，如发现外观缺陷，应进行减分。对于较严重的外观缺陷，施工单位须采取措施进行整修处理。

（4）资料不全减分：分项工程的施工资料和图表残缺、缺乏最基本的数据，或有伪造涂改者，不予检验和评定。资料不全者应予减分，减分幅度可按 JTG F80/1—2004 第 3.2.4 条所列各款逐款检查，视资料不全情况，每款减 1～3 分。

**7.2　分部工程和单位工程质量评分**

JTG F80/1—2004 附录 A 所列分项工程和分部工程区分为一般工程和主要（主体）工程，分别给以 1 和 2 的权值。进行分部工程和单位工程评分时，采用加权平均值计算法确定相应的评分值。

$$分部（单位）工程评分值 = \frac{\sum\left[分项（分部）工程评分值 \times 相应权值\right]}{\sum 分项（分部）工程权值}$$

**7.3　合同段和建设项目工程质量评分**

合同段和建设项目工程质量评分值按《公路工程竣（交）工验收办法》（交通部令 2004 年第 3 号）计算。

**7.4　质量保证资料**

施工单位应有完整的施工原始记录、试验数据、分项工程自查数据等质量保证资料，并进行整理分析，负责提交齐全、真实和系统的施工资料和图表。工程监理单位负责提交齐全、真实和系统的监理资料。质量保证资料应包括以下六个方面：

（1）所用原材料、半成品和成品质量检验结果；

（2）材料配比、拌和加工控制检验和试验数据；

（3）地基处理、隐蔽工程施工记录和大桥、隧道施工监控资料；

（4）各项质量控制指标的试验记录和质量检验汇总图表；

（5）施工过程中遇到的非正常情况记录及其对工程质量影响分析；

（6）施工过程中如发生质量事故，经处理补救后，达到设计要求的认可证明文件等。

**7.5　工程质量等级评定**

**7.5.1　分项工程质量等级评定**

分项工程评分值不小于 75 分者为合格；小于 75 分者为不合格；机电工程、属于工厂加工制造的桥梁金属构件不小于 90 分者为合格，小于 90 分者为不合格。评定为不合格的分项工程，经加固、补强或返工、调测，满足设计要求后，可以重新评定其质量等级，但计算分部工程评分值时按其复评分值的 90% 计算。

**7.5.2　分部工程质量等级评定**

所属各分项工程全部合格，则该分部工程评为合格；所属任一分项工程不合格，则该分部工程为不合格。

**7.5.3　单位工程质量等级评定**

所属各分部工程全部合格，则该单位工程评为合格；所属任一分部工程不合格，则该单位工程为不合格。

**7.5.4　合同段和建设项目质量等级评定**

合同段和建设项目所含单位工程全部合格,其工程质量等级为合格;所属任一单位工程不合格,则合同段和建设项目为不合格。

### 2.3.2.10　土方回填监理实施细则

**1　编制依据**

(1)《水利水电工程施工组织设计规范》(SL 303—2004);

(2)《水利水电工程天然建筑材料勘察规程》(SL 251—2000);

(3)《土工试验规程》(SL 237—1999);

(4)《堤防工程施工规范》(SL 260—1998);

(5)《碾压式土石坝施工规范》(DL/T 5129—2001);

(6)《水利水电工程土工合成材料应用技术规范》(SL/T 225—1998)。

**2　适用范围**

该细则适用于南水北调中线工程郑州1段范围内的渠道、渠道防护工程、倒虹吸、退水闸、左岸排水、桥梁、导流建筑物及场地等土石方填筑工程的施工。

**3　回填土料**

**3.1　回填土料的物理力学性能指标**

填筑土料黏粒含量宜为10%～30%,最大干密度不小于1.72 g/cm³,塑性指数$I_P$宜为7～17,有机质含量不大于5%,水溶性含盐量不大于3%,有较好的塑性和渗透稳定性。土料要求钙质含量不大于8%的质量,最大钙质结核粒径小于100 mm。

《堤防工程施工规范》(SL 260—1998)对回填土的要求是:淤泥土、杂质土、冻土块、膨胀土、分散性黏土等特殊土料,一般不宜用于筑堤身,若必须采用,则应有技术论证,并需制定专门的施工工艺。

《碾压式土石坝施工规范》(DL/T 5129—2001)对回填料的要求是:砾质土的颗粒级配必须符合设计要求。其超径颗粒经碾压后仍不破碎的,少量时可在料场剔出,数量较多时应通过筛选。如细料不足,可采用人工掺料方法进行调整。人工掺和料的制备必须编制工艺规程,一般采用粗细料按比例分层平铺,立面或斜面挖掘拌和均匀的方法。掺和级配应符合设计要求。配制过程中严格控制铺料厚度,并对含水量按规定予以调整。铺料时应使运料车辆始终在粗粒料上行驶,料堆顶层必须是土料;人工掺和料配制的场地应设置排水系统,配制的料堆应采取防雨措施。配制工作宜在旱季进行。人工掺和料的加工场地与规模应根据各期填筑需用量进行规划。配制工作应列入施工计划,以便与填筑工期相配合,掺和料应有一定的备用数量。

**3.2　土料开采**

土料的开采应根据料场具体情况、施工条件等因素选定,并应符合下列要求:

**3.2.1　料场建设:**

(1)料场周围布置水沟,并做好料场排水措施;

(2)遇雨时,坑口坡道宜用防水编织布覆盖保护。

**3.2.2　土料开采方式:**

(1)土料的天然含水量接近施工控制下限值时,宜采用立面开挖;若含水量偏大,宜采用平面开挖;

（2）当层状土料有须剔除的不合格料层时,宜用平面开挖,当层状土料允许掺混时,宜用立面开挖;

（3）冬季施工采料,宜采用立面开挖。取土坑壁应稳定,立面开挖时严禁掏底施工。

### 3.3　击实试验

按《堤防工程施工规范》(SL 260—1998)规定核查土料特性,采集代表性土样按《土工试验方法标准》(GBJ 123—1988)的要求做颗粒组成、黏性土的液塑限和击实、砂性土的相对密度等试验。

### 4　堤基清理

#### 4.1　清理范围

堤基基面清理范围包括堤身、铺盖、压载的基面,其边界应在设计基面达线外 30～50 cm。堤基表层不合格土、杂物等必须清除,堤基范围内的坑、槽、沟等应按堤身填筑要求进行回填处理。

堤基开挖、清除的弃土、杂物、废渣等均应运到指定的场地堆放。

#### 4.2　堤基处理

渠道堤基清除表层土,清理范围为堤身设计基面边线 50 cm,基础处理完成后应进行碾压。

在渠堤填筑之前,应对堤基进行碾压,采用不小于 10 t 的凸块振动碾,碾压不少于 5 遍。对于挤密砂桩处理的基础,垫层料的相对密度不小于 0.7。

#### 4.3　堤基隐蔽工程验收

基面清理平整后应及时报验。基面验收后应抓紧施工;若不能立即施工,则应做好基面保护,复工前应再检验,必要时须重新清理。

对填方高度大于 6 m 的渠堤回填、河渠交叉建筑物基坑回填、左排建筑物基坑回填按照重要隐蔽工程验收程序执行。

防护堤基面按照一般隐蔽工程验收程序执行。

### 5　碾压试验

#### 5.1　碾压试验方案

碾压试验按照《堤防工程施工规范》(SL 260—1998)附录 B 要求进行工艺试验。

##### 5.1.1　碾压试验的目的:

（1）核查土料压实后是否能够达到设计压实干密度值;

（2）检查压实机具的性能是否满足施工要求;

（3）选定合理的施工压实参数:铺土厚度、土块限制直径、含水量的适宜范围、压实方法和压实遍数;

（4）确定有关质量控制的技术要求和检测方法。

##### 5.1.2　碾压试验的基本要求:

（1）试验应在开工前完成;

（2）试验所用的土料应具有代表性,并符合设计要求;

（3）试验时使用的机具应与施工时使用机具的类型、型号相同。

5.1.3　碾压试验场地布置：

（1）碾压试验允许在堤基范围内进行，试验前应将堤基平整清理，并将表层压实至不低于填土设计要求的密实程度；

（2）碾压试验的场地面积应不小于 20 m×30 m。

（3）将试验场地以长边为轴线方向，划分为 10 m×15 m 的 4 个试验小块。

5.1.4　碾压试验方法及质量检测项目：

（1）在场地中线一侧的相连两个试验小块铺设土质、天然含水量、厚度均相同的土料；中线另侧的两个试验小块的土质和土厚均相同，含水量较天然含水量分别增加或减少某一幅度。

（2）铺料厚度和土块限制直径按本规范表 6.1.2 选取，不再做比较。

（3）每个试验小块，按预订的计划、规定的操作要求，碾压至某一遍数后，相应在填筑面上取样做密度试验。

（4）每个试验小块，每次的取样数应达 12 个，采用环刀法取样，测定干密度值。

（5）应测定压实后土层厚度，并观察压实土层底部有无虚土层、上下层面结合是否良好、有无光面及剪力破坏现象等，并做记录。

（6）压实机具种类不同，碾压试验应至少各做一次。

（7）若需对某参数做多种调控试验，则应适当增加试验次数。

（8）碾压试验的抽样合格率宜比大规模施工时按表 2-23 规定的合格率提高 3 个百分点。

表 2-23　碾压土堤单元工程压实质量合格标准

| 堤型 | | 筑堤材料 | 干密度值合格率（%） | |
|---|---|---|---|---|
| | | | 1、2 级土堤 | 3 级土堤 |
| 均质堤 | 新筑堤 | 黏性土 | ≥85 | ≥80 |
| | | 少黏性土 | ≥90 | ≥85 |
| | 老堤加高培厚 | 黏性土 | ≥85 | ≥80 |
| | | 少黏性土 | ≥85 | ≥80 |
| 非均质堤 | 防渗体 | 黏性土 | ≥90 | ≥85 |
| | 非防渗体 | 少黏性土 | ≥85 | ≥80 |

注：不合格样干密度值不得低于设计干密度值的 96%，不合格样不得集中在局部范围内。

5.1.5　试验完成后，应及时将试验资料进行整理分析，绘制干密度值与压实遍数的关系曲线等。

5.1.6　根据碾压试验结果，提出正式施工时的碾压参数。若试验时质量达不到设计要求，应分析原因，提出解决措施。

5.2　碾压试验检测

碾压试验的抽样合格率宜比大规模施工时按表 2-23 规定的合格率提高 3 个百分点。

5.3　碾压试验报告、土方回填施工方案

碾压试验完成后,应及时整理分析试验成果,提出正式施工时的碾压参数,提交碾压试验报告。根据碾压试验报告,编写土方回填施工方案,报监理机构审批后实施。

6　渠堤土方回填

6.1　回填设计边线与超宽

应按设计要求将土料铺至规定部位,严禁将砂砾料或其他透水材料与黏性土料混杂,上渠堤土料中的杂质应予以清除。

铺料至堤边时,应在设计边线外侧各超填一定余量。人工铺料宜为 10 cm,机械铺料宜为 30 cm。

6.2　挖填结合部位、施工作业段之间的搭接

对于挖填结合部位及局部填筑基础地面陡坡,渠堤填筑前需先进行削坡处理,纵向(顺总干渠水流方向)削坡坡度不应陡于 1∶3,横向(垂直水流方向)削坡坡度不应陡于 1∶2。

相邻施工段的作业面宜均衡上升,若段与段之间不可避免出现高差,应以斜坡面相接,坡度不陡于 1∶5。在土坡的斜坡结合面上填筑时,应随填筑面的上升进行削坡,并削至质量合格层。

应按设计和相关技术要求做好不同标段、不同填筑期结合部的界面处理,严禁在结合部措施不到位,形成人为结构面:①结合部两侧应进行削坡处理,清理厚度根据超填余量、雨淋沟深度、浸水或失水等影响深度确定,但不应小于 30 cm;②对由于交通而形成的超压土体应当清除;③缺口结合部两侧搭接坡度不陡于 1∶5,结合部填筑土料的黏粒含量宜比两侧已填筑土体的黏粒含量高 5%,但不超出规定的黏粒含量范围。

《堤防工程施工规范》(SL 260—1998)搭接要求:土堤碾压施工,分段间有高差的连接或新老堤相接时,垂直堤轴线方向的各种接缝应以斜面相接,坡度可采用 1∶3 ~ 1∶5,高差大时宜用缓坡。土堤与岩石岸坡相接时,岩坡削坡后不宜陡于 1∶0.75,严禁出现反坡。在土堤的斜坡结合面上填筑时,应符合下列要求:①应随填筑面上升进行削坡,并削至质量合格层;②削坡合格后,应控制好结合面土料的含水量,边刨毛、边铺土、边压实;③垂直堤轴线的堤身接缝碾压时,应跨缝搭接碾压,其搭接宽度不小于 3.0 m。

6.3　渠堤铺土、层间结合面处理

(1)层间结合面,洒水湿润;

(2)停工期间的回填作业面应加以保护,复工时必须仔细清理,经监理人验收合格后,方准填土,并做好记录备查;

(3)复工前要对表土进行洒水湿润,方可继续铺土,碾压上升;

(4)采用进占法卸料,避免对验收面造成的破坏,杜绝重载车辆在验收面上小半径转弯。

6.4　碾压要求

6.4.1　填筑作业应符合下列要求:

(1)地面起伏不平时,应按水平分层由低处开始逐层填筑,不得顺坡铺填;堤防横断

面上的地面坡度陡于1:5时,应将地面坡度削至缓于1:5。

(2)分段作业面的最小长度不应小于100 m,人工施工时段长可适当减短。

(3)作业面应分层统一铺土、统一碾压,并配备人员或平土机具参与整平作业,严禁出现界沟。

(4)在软土堤基上筑堤时,如堤身两侧设有压载平台,两者应按设计断面同步分层填筑,严禁先筑堤身后压载。

(5)相邻施工段的作业面宜均衡上升,若段与段之间不可避免地出现高差,应以斜坡面相接,并按SL 206—1998中6.8.1及6.8.2的规定执行。

(6)已铺土料表面在压实前被晒干时,应洒水湿润。

(7)用光面碾碌压实黏性土填筑层,在新层铺料前,应对压光层面做刨毛处理。填筑层检验合格后因故未继续施工,因搁置较久或经过雨淋干湿交替使表面产生疏松层时,复工前应进行复压处理。

(8)当发现局部"弹簧土"、层间光面、层间中空、松土层或剪切破坏等质量问题时,应及时进行处理,并经检验合格后,方准铺填新土。

(9)施工过程中应保证观测设备的埋设安装和测量工作的正常进行,并保护观测设备和测量标志完好。

(10)在软土地基上筑堤,或用较高含水量土料填筑堤身时,应严格控制施工速度,必要时应在地基、坡面设置沉降和位移观测点,根据观测资料分析结果,指导安全施工。

(11)对占压堤身断面上的上堤临时坡道做补缺口处理,应将已板结老土刨松,与新铺土料统一按填筑要求分层压实。

6.4.2　压实作业应符合下列要求:

(1)碾压机械行走方向应平行于堤轴线。

(2)分段、分片碾压,相邻作业面的搭接碾压宽度,平行堤轴线方向不应小于0.5 m。垂直堤轴线方向不应小于3 m。

(3)拖拉机带碾碌或振动碾压实作业,宜采用进退错距法,碾迹搭压宽度应大于10 cm;铲运机兼作压实机械时,宜采用轮迹排压法,轮迹应搭压轮宽的1/3。

(4)机械碾压时应控制行车速度,以不超过下列规定为宜:平碾为2 km/h,振动碾为2 km/h,铲运机为2挡。

(5)机械碾压不到的部位,应辅以夯具夯实,夯实时应采用连环套打法,夯迹双向套压,夯迹搭压宽度应不小于1/3夯径。

# 7　交叉建筑物周边土方回填

## 7.1　回填对建筑物强度的要求

《堤防工程施工规范》(SL 260—1998)规定,建筑物周边回填土方,宜在建筑物强度达到设计强度50%~70%的情况下施工。

## 7.2　回填前的隐蔽工程验收

(1)建筑物表面清理:填土前,应清除建筑物表面的乳皮、粉尘及油污等;对表面的外露铁件(如模板对销螺栓等)宜割除,必要时对铁件残余露头需用水泥砂浆覆盖保护。

(2)基坑降排水措施和效果符合基坑回填要求。

（3）基坑清理已完成。

（4）联合进行建筑物外观尺寸检测。

（5）组织隐蔽工程联合验收。

## 7.3　建筑物与填土结合部位涂抹泥浆

（1）泥浆土料要求：制备泥浆应采用塑性指数 $I_p$ 大于 17 的黏土，泥浆的浓度可用 1:2.5~1:3.0（土水质量比）。

（2）涂抹要求：填筑时，需先将建筑物表面湿润，边涂泥浆、边铺土、边夯实，涂浆高度应与铺土厚度一致，涂层厚宜为 3~5 mm，并应与下部涂层衔接；严禁泥浆干固后再铺土、夯实。

## 7.4　土方回填碾压

穿渠建筑物开挖深度较大，填筑工作面较小，基坑回填时加强填筑材料含水量、压实度指标控制，尽量采用与筑堤同样的施工机械进行压实，碾压要求应不低于其他部位的碾压施工要求。

工作面不能满足碾压机械填筑要求的，必须开挖到需要的填筑工作面。如采用小型碾压设备，铺土厚度一般控制在 10~15 cm，具体实施的碾压参数应进行碾压试验确定。

建筑物两侧填土应保持均衡上升；贴边填筑宜用夯具夯实，铺土层厚度宜为 15~20 cm。

应采取有效措施确保建筑物周边、局部难以碾压部位的压实度满足设计要求。同时，应采取措施防止在填筑或夯实过程中破坏相邻建筑物结构、相关防渗结构及排水措施。

# 8　试验检测

## 8.1　试验检测方法

土料碾压筑堤质量控制应符合下列要求：

（1）堤身填筑施工参数应与碾压试验参数相符。

（2）土料、砾质土按设计压实度指标控制，砂料和砂砾料按设计相对密度值控制。

（3）压实质量检测的环刀容积：对细粒土，不宜小于 100 cm³（内径 50 mm）；对砾质土和砂砾料，不宜小于 200 cm³（内径 70 mm）。采用多环刀不能对含砾量取样时，应采用灌砂法或灌水法测试。

若采用《土工试验方法标准》（GBJ 123—1988）规定方法以外的新测试技术，则应有专门论证资料，经质监部门批准后实施。

## 8.2　取样部位

质量检测取样部位应符合下列要求：

（1）取样部位应有代表性，且应在面上均匀分布，不得随意挑选，特殊情况下取样须加注明。

（2）应在压实层厚的下部 1/3 处取样，若下部 1/3 的厚度不足环刀高度，以环刀底面达下层顶面时环刀取满土样为准，并记录压实层厚度。

## 8.3　取样数量

质量检测取样数量应符合下列要求：

（1）每次检测的施工作业面不宜过小，机械筑堤时不宜小于 600 m²，人工筑堤或老堤加高培厚时不宜小于 300 m²。

（2）每层取样数量：自检时可控制在填筑量每 100 ~ 150 m³ 取样 1 个；抽检量可为自检量的 1/3，但至少应有 3 个。

（3）特别狭长的堤防加固作业面，取样时可按每 20 ~ 30 m 取样 1 个。

（4）当作业面或局部返工部位按填筑量计算的取样数量不足 3 个时，应取样 3 个。

在压实质量可疑和堤身特定部位抽样检测时，取样数量视具体情况而定，但检测成果仅作为质量检查参考，不作为碾压质量评定的统计资料。

### 2.3.2.11　碎石土回填监理实施细则

1　总则

为了有利于碎石土回填工程的过程控制、规范监理活动，依据招标投标文件和施工合同以及施工设计图纸和有关施工技术规程、规范编制本细则。

2　设计要求

管侧回填时，管身外壁涂黏土泥浆，且边刷边填。

管身两侧回填碎石土，碎石粒径为 20 ~ 80 mm，碎石含量 35%，回填碎石土压实度为 100%。

回填塑性土要求：土料黏粒含量大于 20%，塑性指数大于 10，含水量接近塑限含水量且不高于塑限含水量，要求压实度不小于 100%。

3　过程控制

（1）碎石土回填工程开始施工前，先由施工单位进行碾压试验，试验完成后及时整理分析试验成果，提出正式施工时的碾压参数，提交碾压试验报告。

（2）根据试验报告编写填筑方案，报监理机构审批后实施。

（3）土方填筑必须在边坡开挖和岸坡处理以及隐蔽工程联合验收完成，经质量检验合格并报监理工程师确认后进行。

（4）施工单位对施工过程全程录像，监理全程旁站监督。

（5）施工参数与碾压试验参数相符。

（6）填筑过程中，施工单位应根据报经批准的填筑方案按章作业，文明施工。做好原始资料的记录整理工作。如需调整施工方案，应重新报监理批准执行。

（7）填筑过程中，禁止私自更换土源和私自使用未经进场检验合格的碎石。

（8）起始填筑时，由于作业面狭小，可用小型机械碾压，必要时需人工配合夯实。

（9）伸缩缝土工布要拉紧压平，紧贴建筑物。

（10）制备泥浆应采用塑性指数 $I_P$ 大于 17 的黏土，泥浆的浓度可用 1:2.5 ~ 1:3.0（土水质量比），填筑时，先将建筑物表面湿润，边涂泥浆、边铺土、边夯实，涂浆高度与填筑高度保持一致，涂层厚度宜为 3 ~ 5 mm，并应与下部土层衔接，严禁泥浆干固后再铺料、夯实。

（11）为保证填筑厚度，可插标杆或在建筑物侧面画线做标记。建筑物两侧填筑，应保持均衡上升；贴边填筑宜用夯具夯实。填筑作业重点控制以下项目：①材料的质量，包括土料质量和碎石质量。②铺料厚度、碾压遍数。③碾压机具规格、重量等。④有无漏碾、欠碾或过碾现象。⑤各部位接头及纵横向接缝的处理与结合部碾压质量。⑥泥浆浓度及涂抹质量。

（12）每层取样检验,取样部位应有代表性,且应在填筑面均匀分布,不得随意挑选,特殊情况应加以注明;取样数量自检可控制在每 100～150 m² 取样一个,狭长作业面取样可按 20～30 m 取样一个,若作业面不够取样 3 个,至少也应取 3 个;监理抽检可为自检量的 1/3,但至少应有 3 个。

（13）每层取样检测合格后,可进行下一层作业施工;若检测不合格,监理工程师提出处理意见,包括以下内容:①扩大抽检范围;②对不合格部位返工处理;③对抽检的部位全部返工;④其他处理措施。

（14）在填筑施工过程中若出现以下情况,则监理部有权采取相应措施予以制止:①不按批准的施工方案施工。②违反有关技术规范施工,不按设计文件要求施工。③出现质量安全事故。④违反合同文件规定。⑤监理工程师有权采用口头警告、书面警告,直至返工、停工整改等方式予以制止,由此造成的一切经济损失和合同责任均由施工单位承担。

4　质量评定

碎石土回填单元工程质量评定需按照质量监督机构批准的检查检测项目、内容和标准进行。

## 2.3.2.12　浆砌石监理实施细则

1　编写依据

（1）设计图纸;

（2）招标文件;

（3）《砌体工程施工质量验收规范》(GB 50203—2002);

（4）《浆砌石坝施工技术规定》(SD 120—84);

（5）《普通混凝土用砂、石质量及检验方法标准》(JGJ 52—2006);

（6）《砌筑砂浆配合比设计规程》(JGJ 98—2000)。

2　原材料控制

2.1　水泥必须应有出厂合格证、生产厂家检验报告和施工单位自检报告。试验检查项目应包括以下主要内容:

（1）水泥强度等级;

（2）凝结时间;

（3）水泥安定性。

袋装水泥贮运时间超过 3 个月、散装水泥超过 6 个月使用前应重新检验。

2.2　天然河砂、人工机制砂必须符合设计和规范规定的质量要求。

2.3　砌体采用的石材应质地坚实,无风化剥落和裂纹。石材表面的泥垢、水锈等杂质在砌筑前应清除干净。

3　胶结材料配制

（1）砌体工程使用的胶结材料一律使用水泥砂浆。设计要求砂浆强度等级为 M7.5。

（2）胶结材料配合比应采用质量比。

（3）胶结材料配合比必须满足设计强度及施工和易性要求。为确保胶结材料质量,其配合比必须通过试验确定。

（4）胶结材料和易性，用沉入度（或坍落度）评定，水泥砂浆的沉入度宜为 4~6 cm。

（5）胶结材料配合比确定后，施工中不应随意变动。

## 4　拌和及运输

（1）拌制胶结材料时，必须严格遵照试验确定的配合比进行配料，严禁擅自更改。

（2）胶结材料拌和过程中，应保持骨料含水量的稳定性，及时测定砂料的含水量，并根据砂料含水量的变化情况，随时调整用水量，以保证胶结材料水灰比的准确。

（3）胶结材料用的水泥、砂料、水均以质量计，称重偏差，水泥为 ±2%、砂为 ±3%、水为 ±1%。

（4）应选择适宜的运输设备、工具，以保持运输过程中胶结材料的均匀性，避免发生离析、漏浆等现象。同时应采取措施避免日晒、雨淋、冰冻而影响胶结材料质量。

（5）应尽量减少胶结材料运输次数和缩短运输时间，如因故停歇过久，胶结材料达到初凝时应做废料处理，严禁再加水使用。

（6）不论采用何种运输设备，胶结材料自由下落高度以不大于 2.0 m 为宜，超过此限时，宜采取缓降措施。

（7）夏季施工间歇时间一般不超过 1 h，冬季施工不得超过 2.5 h。

## 5　砌筑

（1）砌筑前，应按设计图纸及有关规定详细检查和校测基础标准尺寸、高程及基础处理情况，经监理人员检查合格后方可开始砌筑。

（2）砌石在使用前必须清除表面泥土、水锈等杂物，砌筑时保持砌石表面湿润。

（3）应采用坐浆法分层砌筑，铺浆厚宜 3~5 cm，随铺浆随砌筑，砌缝需用砂浆填充饱满，不得无浆直接贴靠，砌缝内砂浆应采用扁铁插捣密实；严禁先堆石块再用砂浆灌缝。

（4）各砌层应先砌面石，后砌填腹石，面石与填腹石须交错砌筑连成一体。

（5）上、下层砌石应错缝砌筑，砌体外露面应平整美观，外露面上的砌缝应预留约 4 cm 深的空隙，以备勾缝处理。水平缝宽度不应大于 2.5 cm，竖缝宽度不应大于 4 cm，上下层竖缝必须错开 10 cm 以上。

（6）砌石应分层分段砌筑，分段砌筑时，接头处应砌成阶梯形。

（7）新砌好的砌体砂浆凝固前要严防振动，当发现有局部石块松动时，应将块石垂直提起，清除旧浆后重新坐浆砌筑。

（8）快要砌筑到设计高程时，应选质地优良、块体较大的石料砌筑顶部，要做到封顶平整，坚固美观。

（9）砌筑过程中因故停顿，应将最后砌层块石安砌牢固；在继续砌筑前，应先将原砌体表面的浮渣清除；砌筑时应避免振动下层砌体。

（10）砌筑完成后 12~18 h 内应及时养护，经常保持砌体表面湿润，水泥砂浆砌体一般养护 14 d。

（11）月平均温度为 5 ℃时，砌体工程施工要有防冻措施，气温在 0 ℃以下时应停止砌筑。

6　勾缝

（1）勾缝前必须清缝,用水冲净并保持缝槽内湿润,砂浆应分次向缝内填塞密实;应按实有砌缝勾平缝,严禁勾假缝、勾迎水面凸缝。

（2）勾缝砂浆比砌体砂浆提高一个强度等级。水泥砂浆强度等级,砌体部分为 M7.5;为达到抗冻指标要求,除严格控制水泥、砂子、块石的质量外,尚需控制水灰比。

7　质量控制与检查

（1）胶结材料的沉入度或坍落度每班至少抽查 2 次,并控制在规定范围内。

（2）胶结材料抗压强度检验,同一标号胶结材料试件的数量,28 d 龄期每 150 $m^3$ 砌体取成型试件一组 3 个且每台班不少于一组 3 个。

（3）在拌和站贮存砂料的含水量应经常检查,雨天及气温变化较大时应增加测定次数,砂的含水量波动范围宜控制在 ±0.5% 以内。

（4）经常检查胶结材料的均匀性,不定时在拌和机口的出料始末端各取一个试样,测定其湿容重,前后差值每立方米不得大于 35 kg。

（5）监理人员定期、不定期地检查砌体砌筑质量,对不合格的要返工重砌,直至合格。

8　其他

（1）每个砌体单元工程完工后,施工单位应及时填报单元工程质量评定表,并报监理工程师确认,作为该分部工程质量等级评定基础资料。

（2）已按设计要求完成并报经监理工程师检查合格,按合同规定予以计量支付。

### 2.3.2.13　试验检测监理实施细则

1　总则

（1）本细则主要依据出山店水库工程监理 2 标段监理合同、施工合同、工程设计文件、施工组织设计以及相关的规程、规范等编制。

（2）本细则适用于出山店水库工程施工 2 标段施工的原材料、中间产品、混凝土与钢筋混凝土各工序、土方填筑等的试验检测。其工作内容包括检查承包人现场实验室的人员、试验仪器设备和资质,跟踪检测、平行检测、试验检测数据的分析和相关报告的编写审核等。

（3）承包人对本工程的原材料及中间产品的检测试验工作由承包人的质检部门取样送现场实验室自行完成或委托其他有资质的实验室完成。监理机构对原材料及中间产品进行的抽样检测委托有相应资质的实验室和河南科源水利建设工程检测有限公司完成,按照《水利工程施工监理规范》(SL 288—2014)、《公路工程施工监理规范》(JTG G10—2006)、监理合同及有关文件要求的数量进行跟踪检测、平行检测。

对于平行检测的检测数量,混凝土试样不少于承包人检测数量的 3%,重要部位每种强度等级的混凝土至少取样 1 组;土方试样不少于承包人检测数量的 5%,重要部位至少取样 3 组;其他原材料、中间产品、工程质量等的检测数量不少于承包人检测数量的 10%。

对于跟踪检测的检测数量,混凝土试样不少于承包人检测数量的 7%,土方试样不少于承包人检测数量的 10%。

原则上监理机构对原材料和中间产品均需进行平行检测和跟踪检测,但对于用量较少或按批次验收且验收次数较少的原材料(如混凝土拌和用水、止水、桥梁伸缩装置橡胶性能、预应力钢绞线和钢丝、预应力锚固器具和张拉设备、沥青、块石、砖等),监理机构可进行见证取样,不再进行平行检测。

对于监理平行检测的原材料,检测项目和标准按有关规程规范的要求,在该种材料使用初期进行一次全项目检测,其后可进行常规检测。

(4)承包人应在工程开工前,提交一份满足工程需要的完整的现场实验室设置计划报监理机构和业主单位审批,其内容包括现场实验室资质、试验设备及检定情况、试验项目、试验机构设置和人员配备等情况。试验检测专业监理工程师负责对其进行审核。

(5)凡用于永久工程的原材料(业主供应的除外),承包人应在采购前将拟选生产厂家和产品的有关资料报送监理机构,经审批后方可采购。

(6)承包人对原材料应严格按规范、标准和合同要求,按检测内容和检测频率及时取样送达实验室进行检测,并将检测结果进行整理分析后向监理机构进行报验,试验结果以月报(质量月报)形式报送监理审核。

(7)用于填筑的土料应在碾压试验进行前送实验室进行检测,并将检测结果随碾压试验方案报送监理机构,经审批后方可采用。

(8)本工程范围内使用的技术标准、规程、规范详见招标文件。

## 2 工程原材料进场验收质量控制

### 2.1 进场原材料质量检验和监理审批流程

进场原材料质量检验和监理审批流程见图2-7。如果承包人与监理平行检测试验结果不一致,则要区分是正常误差还是系统偏差,如果是系统偏差,需要分析原因并采取措施纠偏。

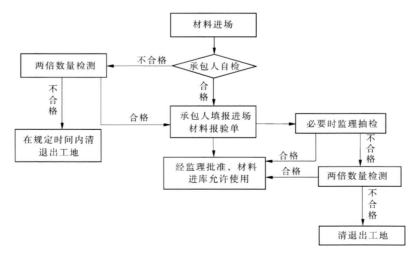

**图2-7　进场原材料质量控制基本程序**

### 2.2 施工进场材料报验

承包人应按进场材料报验单填报并附出厂质量合格证明、出厂合格证、说明书、出厂检验单等相关材料和承包人自检试验检测报告(水泥按3 d强度报批)报送监理,经监理批准后方准入库并使用。

## 2.3　填筑料质量控制

填筑土料、砂料、砂砾料等的物理性质和压实度或相对密度应满足设计要求。

## 2.4　土工合成材料质量控制

土工合成材料的性能指标应满足设计和有关规范规程的要求,主要有《土工合成材料应用技术规范》(GB 50290—1998)、《水利水电工程土工合成材料应用技术规范》(SL/T 225—1998)、《聚乙烯(PE)土工膜防渗工程技术规范》(SL/T 231—98)、《土工合成材料测试规程》(SL/T 235—2012)等。

### 2.4.1　土工布

(1)土工布技术性能指标应符合下列要求:①为满足土工布的反滤性能,土工布的有效孔径应同时满足以下 3 个性能,即保土性、透水性和防堵性;②土工布应采用全新原料,不得添加再生料;③土工布应无破损、无边角不良,土工布的布面应均匀,无折痕,土工布内无杂物及僵丝等。

(2)土工布的主要性能指标有幅宽、厚度、单位面积质量、等效孔径、拉伸强度、拉伸伸长率、CBR 顶破强度、撕破强度、垂直渗透系数等。

(3)土工布的拼接每 1 000 m² 取一组试样,做拉伸强度试验,接缝处强度不低于母材的 80%,且试件断裂不得在接缝处,否则接缝不合格。

土工布按每 10 000 m² 为一个取样单位(不足 10 000 m² 按一个取样),检测内容按设计指标。测试试样应在样品的长度和宽度两个方向上随机剪取,距样品的边缘应等于或大于 10 cm,送检样品应不小于 1 延米或 2 m²。

### 2.4.2　其他土工合成材料

其他土工合成材料按设计要求及有关规程规范进行试验检测。

## 2.5　止水材料质量控制

止水材料的性能指标及标准应满足设计和有关规范的要求并按照设计要求进行性能指标检测,主要规程规范有《水工混凝土施工规范》(DL/T 5144—2001)、《水工建筑物止水带技术规范》(DL/T 5215—2005)等。

### 2.5.1　橡胶止水

橡胶止水带的主要性能指标有厚度、硬度、拉伸强度、扯断伸长率、压缩永久变形、撕裂强度、脆性温度、热空气老化、臭氧老化、橡胶与金属黏合等。

橡胶止水带的接头应逐个进行检查,不得有气泡、夹渣或假焊,必要时进行强度抽检,接头强度不低于母材的 75%。

### 2.5.2　铜止水

铜止水带的主要性能指标有厚度、拉伸强度、扯断伸长率等,化学成分和物理力学性能应满足《铜及铜合金带材》(GB/T 2059)的规定。

铜止水在工厂加工的接头应进行质量抽查,抽查数量不少于接头总数的 20%。在现场焊接的接头,应逐个进行外观和渗透检查。必要时进行强度抽检,接头强度不低于母材的 75%。

止水材料进场后每批次至少抽样 1 次,检测内容按设计要求。

2.6　密封胶质量控制

　　密封胶的性能指标及标准应满足设计和《聚硫、聚氨酯密封胶给水排水工程应用技术规程》(CECS 217:2006)的要求并按照设计要求进行检测。

　　聚硫密封胶的检测指标主要有密度、流动性、表干时间、适用期、弹性恢复率、拉伸模量、定伸黏结性无破坏、浸水后定伸黏结性无破坏、冷拉—热压后黏结性无破坏、质量损失率、浸水及拉伸—压缩循环后黏结性、下垂度、低温柔性等。

　　聚氨酯密封胶的检测指标主要有密度、流变性、表干时间、挤出性、适用期、弹性恢复率、拉伸模量、定伸黏结性无破坏、浸水后定伸黏结性无破坏、冷拉—热压后黏结性无破坏、质量损失率等。

　　密封胶按每10 t为一个取样单位(不足10 t按一个取样),检测内容按设计要求。试样质量不小于1.0 kg。

2.7　混凝土用材料质量控制

　　根据招标文件,本工程混凝土有普通混凝土、泵送混凝土、预制混凝土和预应力混凝土,所用材料应分别满足不同规程规范的要求。

2.7.1　水泥

　　普通混凝土所用水泥检测项目包括胶砂强度、安定性、凝结时间、细度、标准稠度用水量、不溶物、烧失量、三氧化硫、氧化镁含量、氯离子含量、碱含量、比表面积、水化热等指标。

　　运到工地的每批水泥都应附出厂检验合格证和复检资料。承包人按袋装水泥同批号200 t(不足200 t也为一批)检测一次,散装水泥同批号400 t(不足400 t也为一批)检测一次。样品质量不应少于14 kg,并分为二等份,一份用于自行试验,另一份密封保存3个月。

2.7.2　粗骨料

　　(1)粗骨料的最大粒径不应超过钢筋最小间距的2/3、构件断面最小边长的1/4、素混凝土板厚的1/2,对少筋或无筋结构,应选用较大的粗骨料粒径。

　　(2)采用连续级配,应将粗骨料按粒径分成下列几种级配:

　　二级配:5~20 mm和20~40 mm,最大粒径为40 mm;

　　三级配:5~20 mm、20~40 mm和40~80 mm,最大粒径为80 mm;

　　四级配:5~20 mm、20~40 mm、40~80 mm和80~120 mm。

　　(3)含有活性骨料、黄锈等的粗骨料,必须进行专门试验论证,经监理人批准后才能使用。

　　(4)普通混凝土所用粗骨料检测项目和标准按《水工混凝土施工规范》(DL/T 5144—2001)和设计要求执行,包括含泥量、泥块含量、坚固性、硫化物及硫酸盐含量、有机物含量、表观密度、吸水率、针片状颗粒含量、压碎值、颗粒级配、超逊径含量、中径筛余量等指标,必要时可增加碱活性检测。

　　(5)泵送混凝土所用粗骨料检测项目和标准按《混凝土泵送施工技术规程》(JGJ/T 10—1995)、《普通混凝土用砂、石质量及检验方法标准》(JGJ 52—2006)和设计要求执行,包括含泥量、泥块含量、颗粒级配、针片状颗粒含量、杂质含量、有机物含量、压碎值、坚固性、表观密度、硫化物及硫酸盐含量、吸水率、超逊径含量等指标,必要时可增加碱活性检测。

（6）预制混凝土和预应力混凝土所用粗骨料检测项目和标准参照普通混凝土执行。

粗骨料按每 400 m³ 或 600 t 为一个取样单位(不足 400 m³ 或 600 t 按一个取样单位)进行复检。

### 2.7.3　细骨料

（1）普通混凝土所用细骨料检测项目和标准按《水工混凝土施工规范》(DL/T 5144—2001)和设计要求执行,包括含泥量、泥块含量、颗粒级配、细度模数、吸水率、坚固性、硫化物及硫酸盐含量、有机物含量、表观密度、云母含量、轻物质含量等,必要时可增加碱活性检测。

（2）泵送混凝土所用粗骨料检测项目和标准按《混凝土泵送施工技术规程》(JGJ/T 10—1995)、《普通混凝土用砂、石质量及检验方法标准》(JGJ 52—2006)和设计要求执行,包括细度模数、颗粒级配、含泥量、泥块含量、坚固性、云母含量、轻物质含量、有机质含量、硫化物及硫酸盐含量、表观密度、吸水率等指标,必要时可增加碱活性检测。泵送混凝土宜采用中砂。

（3）预制混凝土和预应力混凝土所用粗骨料检测项目和标准参照普通混凝土执行。

砂料应质地坚硬、清洁、级配良好,使用山砂、特细砂应经过试验论证;砂料中有活性骨料时,必须进行专门试验论证。

细骨料以 400 m³ 或 600 t 为一个取样单位(不足 400 m³ 或 600 t 按一个取样单位)进行检验。

### 2.7.4　水

（1）凡适宜饮用的水均可使用,未经处理的工业废水不得使用。

（2）拌和用水所含物质不应影响混凝土和易性和混凝土强度的增长,以及引起混凝土的腐蚀。

（3）混凝土浇筑用水的检测项目和标准按《混凝土用水标准》(JGJ 63—2006)和设计要求执行,检测指标和标准见表 2-24。

表 2-24　混凝土拌和用水性能指标

| 项目 | 预应力混凝土 | 钢筋混凝土 | 素混凝土 |
|---|---|---|---|
| pH | ≥5.0 | ≥4.5 | ≥4.5 |
| 不溶物(mg/L) | ≤2 000 | ≤2 000 | ≤5 000 |
| 可溶物(mg/L) | ≤2 000 | ≤5 000 | ≤10 000 |
| 氯化物(Cl⁻)(mg/L) | ≤500 | ≤1 000 | ≤3 500 |
| 硫酸盐($SO_4^{2-}$)(mg/L) | ≤600 | ≤2 000 | ≤2 700 |
| 碱含量(mg/L) | ≤100 | ≤1 500 | ≤1 500 |

注:1. 用钢丝或经热处理的钢筋的预应力混凝土,氯化物含量不得超过 350 mg/L。

　　2. 碱含量按 $Na_2O + 0.658K_2O$ 计算值来表示。采用非碱活性骨料时,可不检验碱含量。

　　水质检验水样不应少于 5 L,用于测定水泥凝结时间和胶砂强度的水样不应少于 3 L。每一种水检测一次。

## 2.7.5　粉煤灰

　　(1)普通混凝土粉煤灰检测指标和标准按照《水工混凝土掺用粉煤灰技术规范》(DL/T 5055—1996)、《水工混凝土施工规范》(DL/T 5144—2001)和设计要求执行,包括细度、烧失量、需水量比和含水量等指标(三氧化硫含量可每季度检测一次),必要时应增加比重、容重、含碱量等指标。

　　(2)泵送混凝土粉煤灰检测指标和标准按照《混凝土泵送施工技术规程》(JGJ/T 10—1995)、《用于水泥和混凝土中的粉煤灰》(GB/T 1596—2005)和设计要求执行,包括细度、烧失量、需水量比、三氧化硫和含水量等指标。

　　(3)预制混凝土和预应力混凝土所用粗骨料检测项目和标准参照普通混凝土执行。

　　每批粉煤灰应附有出厂检验合格证,主要内容包括厂名、等级、出厂日期、批号、数量及品质检验结果等。承包人应按同品种的粉煤灰每 200 t 为一批(不足 200 t 也作为一批)进行取样检验,样品质量为 10 ~ 15 kg,分成二等份,一份用于自行试验,另一份需密封保存。

## 2.7.6　外加剂

　　(1)普通混凝土外加剂检测指标和标准按照《水工混凝土施工规范》(DL/T 5144—2001)、《水工混凝土外加剂技术规程》(DL/T 5100—1999)和有关设计要求执行,包括 pH、密度(或细度)、含水量(粉状)、含固量(液体)、减水率、凝结时间、水泥净浆流动度、缓凝时间、强度比、泌水率、表面张力、泡沫度、氯离子含量、硫酸钠含量(早强剂)、总碱量、不溶物、毒性等有关指标。

　　(2)泵送混凝土外加剂检测指标和标准按照《混凝土泵送施工技术规程》(JGJ/T 10—1995)、《混凝土外加剂应用技术规范》(GB 50119—2013)和设计要求执行,包括 pH、密度(或细度)、含水量(粉状)、含固量(液体)、减水率、凝结时间、含气量、含气量经时损失、碱含量、氯离子含量、强度比、坍落度 1 h 经时变化值等有关指标。

　　每批外加剂都应附有检验合格证和出厂检验单。外加剂的检测批次以掺量划分。掺量大于或等于 1% 的外加剂以 100 t 为一批,掺量小于 1% 的外加剂以 50 t 为一批,掺量小于 0.01% 的外加剂以 1 ~ 2 t 为一批,一批进场的外加剂不足一个批号数量的,应视为一批进行检验。

## 2.7.7　钢筋原材

　　(1)钢筋检测指标和标准按照《水工混凝土钢筋施工规范》(DL/T 5169—2013)和设计要求执行,包括直径、屈服点、抗拉强度、伸长率、冷弯等。

　　(2)每批钢筋均应附有产品质量证明书及出厂检验单。钢筋分批试验时以 60 t 同一批号、同一规格尺寸的钢筋为一批(不足 60 t 时仍按一批计)。

　　(3)根据厂家提供的钢筋质量证明书,检查每批钢筋的外表质量,并测量每批钢筋的代表直径。

　　(4)取试样时随意选取两根经外部质量检查和直径测量合格的钢筋,各截取一个抗拉试件和一个冷弯试件进行试验,钢筋端部要先截去 50 cm 再取试样。

（5）对于钢筋的检验，如果有任何一个检验项目的任何一个试件不符合规定，则应从同一批钢筋中另取两倍数量的试件重做各项试验。如果仍有一个试件不合格，则该批钢筋为不合格。对钢号不明的钢筋，需经检验合格后方可加工使用，检验时抽取的试件不得少于 6 组，且检验的项目均应满足规定。

### 2.7.8　钢筋连接

（1）钢筋接头检测指标和标准按照《水工混凝土钢筋施工规范》（DL/T 5169—2013）和设计要求执行，主要进行接头抗拉强度的指标检测。

（2）钢筋连接宜采用焊接接头或机械连接接头。钢筋焊接接头以同批次、同等级、同形式、同规格每 300 个接头取一组试件（不足 300 个接头按一组计）进行力学指标检测；机械连接接头以同批次、同等级、同形式、同规格每 500 个接头取一组试件（不足 500 个接头按一组计）进行力学指标检测。设计有特殊要求时按设计要求项目进行检验。

### 2.7.9　预应力钢筋、钢绞线、钢丝

预应力钢筋、钢绞线、钢丝的检测指标和标准按照《混凝土结构工程施工质量验收规范》（GB 50204—2002）和设计要求执行，每批钢绞线和钢丝应附有质量证明书，证明书应注明供方名称、地址和商标、规格、强度级别、需方名称、合同号、产品标记、质量、件数、执行标准号、试验结果、检验出厂日期等信息。

（1）预应力钢绞线的性能指标主要按《预应力混凝土用钢绞线》（GB/T 5224—2003）的要求进行试验检测，主要指标包括公称直径、抗拉强度、最大力、规定非比例延伸力、最大力下总伸长率、应力松弛性能等。

（2）预应力钢丝的性能指标主要按《预应力混凝土用钢丝》（GB/T 5223—2002）的要求进行试验检测，主要指标包括公称直径、抗拉强度、规定非比例伸长应力、最大力下总伸长率、弯曲次数、弯曲半径、断面收缩率、每 210 mm 扭矩的扭转次数、初始应力相当于 70% 公称抗拉强度时 1 000 h 后应力松弛率等。

预应力筋的外观应全数检查，有黏结预应力筋展开后应平顺无弯折，表面无褶皱、小刺、机械损伤、氧化铁皮和油污等；无黏结筋护套应光滑无裂缝、无明显褶皱。

预应力钢绞线按同一牌号、同一规格、同一生产工艺捻制的钢绞线 60 t 为一个检测批次（不足 60 t 按一个批次检测）；预应力钢丝按同一牌号、同一规格、同一加工状态的钢丝 60 t 为一个检测批次（不足 60 t 按一个批次检测）。

钢绞线取试样时，在一批钢绞线中随机抽取 3 盘，从每盘钢绞线的端部正常部位截取一段做试样进行试验。试验结果如果有一项不合格，则全盘报废。再从该批钢绞线中取双倍数量的试样进行不合格项复测，如仍有一项不合格，则该批钢绞线为不合格。如一批钢绞线的数量不足 3 盘，应逐盘取样进行试验。

### 2.7.10　锚具、夹具、连接器

锚具、夹具、连接器的性能指标主要按《预应力筋用锚具、夹具、连接器》（GB/T 14370—2007）和设计要求进行试验检测，包括硬度、静载性能检验、疲劳性能检验、周期荷载性能检验等有关指标，必要时增加辅助性试验。

锚具、夹具、连接器所使用的材料应符合设计要求，并有机械性能和化学成分合格证明书和质量保证书，外观应全数检查，表面应无污物、锈蚀、机械损伤和裂纹。

锚具、夹具、连接器按进场批次每批次检测一次。

## 2.8　沥青混凝土的质量控制

### 2.8.1　沥青

沥青的性能指标和标准按照《沥青路面施工及验收规范》(GB 50092—96)和设计要求执行,主要检测沥青的针入度、软化点、延度三项指标,监理人认为必要时,可抽查溶解度、蒸发损失、闪点、含蜡量和密度等。每批沥青都应在试验后留样封存,并记录使用的路段,留存的数量不应少于 4 kg。

本工程采用符合"重交通道路石油沥青技术要求"的沥青,沥青路面所用的沥青标号为 AH - 90。每批沥青材料应附有炼油厂的沥青质量检验单,并注明来源、品种、规格、数量、使用目的、购置日期、存放地点等事项。不同标号和厂家生产的沥青应分别贮存,不得混杂。沥青溶化和脱水后应严格控制存放时间,最好一次性使用完沥青罐内溶化的沥青。存放时间较长的沥青,应在使用前抽样检验,不符合设计要求质量标准的沥青不得使用。

沥青按批次每进场批检验一组。

### 2.8.2　粗细骨料

粗骨料的粒径规格应符合《沥青路面施工及验收规范》(GB 50092—96)附录 C 表 C.0.6 或表 C.0.7 的规定;粗骨料应洁净、干燥、无风化、无杂质,并具有足够的强度和耐磨耗性。

细骨料应与沥青有良好的黏结能力,其粒径规格应符合《沥青路面施工及验收规范》(GB 50092—96)附录 C 表 C.0.9 ~ 表 C.0.11 的要求。细骨料可采用洁净、干燥、无风化、无杂质的天然砂、机制砂或石屑。

粗细骨料以每 100 ~ 200 m³ 为取样单位,进行各项技术指标抽样检验。

### 2.8.3　填料

一般填料采用石灰岩粉或白云岩粉,也可用水泥、滑石粉、粉煤灰等粉状矿质碱性材料。

填料质量应符合《沥青路面施工及验收规范》(GB 50092—96)附录 C 表 C.0.12 的要求。

填料以每批取样检验一次,按规定的技术指标进行检验,合格后方可使用。

## 2.9　砌体材料的质量控制

### 2.9.1　砌石

(1)石材。

①砌石体的石料应采自施工图纸规定或监理人批准的料场。砌石材质应坚实新鲜,无风化剥落层或裂纹,石材表面无污垢、水锈等杂质,用于表面的石材应色泽均匀。石料的物理力学指标应符合施工图纸的要求。

②砌石体分毛石砌体和料石砌体。毛石砌体应呈块状,中部厚度不小于 15 cm。规格小于要求的毛石(又称片石)可以用于塞缝,但其用量不得超过该处砌体重量的 10%;料石砌体按其加工面的平整程度分为细料石、半细料石、粗料石和毛料石四种。料石各面加工要求应符合有关规范的规定。

(2)砂。

砂的质量应符合有关规范的规定。砂浆采用的砂料,要求其粒径为 0.15 ~ 5 mm。砌筑毛石砂浆的砂,其最大粒径不大于 5 mm;砌筑料石砂浆的砂,其最大粒径不大于 2.5 mm。

（3）水泥。

水泥品种和强度等级应符合施工图纸和设计文件的有关规定,进场水泥应按品种、强度等级、出厂日期分别堆存,受潮湿结块的水泥,禁止使用。

### 2.9.2　砌砖

（1）砖:承包人应按施工图纸要求选用砖的品种和强度等级。

（2）水泥、砂、水:砌砖所用的水泥、砂和水参照砌石标准执行。

（3）生石灰:生石灰熟化成石灰膏时,应用网过滤,使其充分熟化,熟化时间不得少于 7 d。

### 2.10　防水卷材、胶黏材料、防水涂料等的质量控制

该类材料的性能指标和标准按照《屋面工程技术规范》（GB 50345—2012）和设计有关要求执行。

### 2.10.1　防水、密封、保温材料

（1）高聚物改性沥青防水卷材主要检测可溶物含量、拉力、最大拉伸力时延伸率、耐热度、低温柔性、不透水性。

（2）合成高分子防水卷材主要检测断裂拉伸强度、拉断伸长率、低温弯折性、不透水性。

（3）沥青基防水卷材用基层处理剂主要检测固体含量、耐热性、低温柔性、剥离强度;高分子胶黏剂主要检测剥离强度、浸水 168 h 后的剥离强度伸长率;改性沥青胶黏剂主要检测剥离强度;合成橡胶胶黏剂主要检测剥离强度、浸水 168 h 后的剥离强度保持率。

### 2.10.2　防水涂料和密封材料

（1）高聚物改性沥青防水涂料主要检测固体含量、耐热性、低温柔性、不透水性、断裂伸长率或抗裂性;高分子防水涂料和聚合物水泥防水涂料主要检测固体含量、低温柔性、不透水性、拉伸强度、断裂伸长率;胎体增强材料主要检测拉力、延伸率。

（2）改性石油沥青密封材料主要检测耐热性、低温柔性、拉伸黏结性;合成高分子密封材料主要检测拉伸模量、断裂伸长率、定伸黏结性。

### 2.10.3　保温材料

板状保温材料主要检测表观密度或干密度、压缩强度或抗压强度、导热系数、燃烧性能;纤维保温材料主要检测表观密度、导热系数、燃烧性能。

### 2.10.4　地面工程材料

地面建筑工程所用材料按照《建筑地面工程施工质量验收规范》（GB 50209—2010）和设计要求进行有关性能指标的检测。

### 2.11　桥梁支座质量控制

### 2.11.1　橡胶支座

橡胶支座应符合《公路桥梁板式橡胶支座》（JT/T 4—2004）的要求,且加劲材料应采用 A3 钢板和不低于 A3 强度的薄钢板,厚度应大于或等于 2 mm,其屈服强度和抗拉极限强度及钢板厚度偏差均应符合《碳素结构钢和低合金结构钢热轧厚钢板和钢带》（GB/T

3274—2007)的规定。

橡胶支座成品的规格系列、技术条件及力学性能检验和成品验收应符合《公路桥梁板式橡胶支座规格系列》(JT/T 663—2006)、《公路桥梁板式橡胶支座》(JT/T 4—2004)、《公路桥梁板式橡胶支座成品力学性能检验规则》(JT 3132.3—90)、《公路桥梁盆式橡胶支座》(JT 3141—90)等标准的要求。

### 2.11.2　滑动支座

滑动支座滑动面所用的不锈钢板,必须采用 1Cr18Ni9Ti 不锈钢,其技术条件应符合《不锈钢冷轧钢板和钢带》(GB/T 3280—2007)的有关规定。

### 2.11.3　四氟滑板式支座

四氟滑板式支座中使用的纯四氟板技术要求应符合《聚四氟乙烯板材》(ZB G33002—1985)的有关规定。

### 2.11.4　其他规定

(1)支座钢件应符合《碳素结构钢》(GB 700—88)、《优质碳素结构钢》(GB/T 699—1999)的要求。

(2)承包人应采用监理人认可的厂家生产的支座,并提供拟采用支座的生产厂家技术说明和质量证明;当监理人要求时,应在现场抽样并送合格实验室进行成品检验。

(3)桥梁支座应标出制造厂的支座类型及编号,并附一览表,表明支座上的标记和在桥梁上的位置。

## 3　混凝土配合比的设计试验

(1)各种类型结构物的混凝土配合比必须通过试验选定,其试验方法应按《水工混凝土试验规程》(DL/T 5150—2001)有关规定执行。混凝土配合比至少应具有 3 d、7 d、14 d、28 d 或可能更长龄期的试验或推算资料。

(2)混凝土配合比试验前 28 d,承建单位应将各种配合比试验的配料及其拌和、制模和养护等配合比试验计划一式 4 份报送监理机构。

(3)施工单位必须使用现场原材料进行混凝土配合比设计与试验,确定混凝土单位用水量、砂率、外加剂用量。试验所使用的原材料,应事先得到监理工程师的审核认可并在监理见证下取样送检。

(4)在混凝土配合比试验前至少 72 h 施工单位应书面通知监理工程师,以使得在材料取样、试验、实验室配料与混凝土拌和、取样、制模、养护及所有龄期测试时监理工程师根据需要可以随时赶到现场检查。

(5)经试验确定的施工配合比,其各项性能指标必须满足设计要求。混凝土施工配合比及试验成果报告,应在混凝土浇筑前 28 d 前报监理工程师审批,未经审批的配合比不得使用。

(6)施工过程中,施工单位需改变监理批准的混凝土配合比,必须重新得到监理机构的批准。

## 4　混凝土拌和生产过程中的试验检测

### 4.1　原材料的试验检测

(1)所有用于混凝土生产的各种原材料都须验收合格,未经验收检验或检验不合格的材料不得用于混凝土拌和生产。

（2）拌和与养护混凝土用水，在水源改变或对水质有质疑时，应随时进行检验。

（3）砂子、小石的含水量每 4 h 检测 1 次，雨雪后等特殊情况应加密检测。

（4）粗骨料。按不同粒径规格每班检测 1～2 次含水量，每班检测 1 次超逊径。

（5）外加剂溶液的配置与检测。在配置外加剂溶液正式生产前应进行外加剂溶液配置工艺性试验，检测外加剂溶液配置的均匀性。每次外加剂溶液配制时，施工单位的试验人员应在现场检查材料的称量及配制方法是否正确，符合要求的外加剂溶液才允许用于混凝土拌和生产，外加剂溶液的浓度应每天检测 1～2 次。

（6）衡器定期进行计量校验，有异常情况随时复检，计量允许偏差控制在：水泥、粉煤灰、水、外加剂溶液为 ±1%，粗细骨料为 ±2%。

（7）在混凝土拌和生产过程中，施工单位试验人员应按上述要求进行原材料的取样检测，必要时监理工程师有权要求增加取样数量或在指定的位置取样，并旁站试验检测全过程。同时，监理工程师也应按一定的比例进行独立取样检测。

## 4.2　混凝土拌和及拌和物的试验检测

（1）在混凝土拌和系统试运行时应进行混凝土拌和均匀性试验。

（2）施工单位应对混凝土实际配料情况每班检查 2 次，对照混凝土配料单检查并记录应配量和实配量。

（3）混凝土净拌和时间应每班检查 2 次。

（4）出机口混凝土坍落度应每班检测 2 次，在仓面检测 2 次，同时检查出机口混凝土温度、气温等，对有温控要求的混凝土仓面每 2 h 检测 1 次混凝土温度。

（5）引气混凝土的含气量，每 4 h 应检测 1 次。

（6）混凝土质控人员每班必须认真填写值班记录表，内容包括该班所有的检测成果、因砂石骨料含水量变化而引起的加水量调整情况、气温、混凝土浇筑部位、强度等级、本班混凝土生产方量及质量事故等。

（7）在混凝土拌制生产过程中，施工单位试验人员应按上述要求进行混凝土拌和物的取样检测，必要时监理工程师有权要求增加取样数量或在指定的位置取样，并旁站试验检测过程。同时，监理工程师也按一定的比例进行独立取样检测。

## 5　混凝土试件成型与力学性能检测

（1）施工单位的混凝土试件应按随机取样方式取料成型，应以机口取样为主、仓面取样为辅（仓面取样数量不应少于机口取样数量的 10%）。试件养护到达规定龄期时应及时进行力学性能检测。

（2）同一强度等级混凝土试件取样数量应符合下列规定：

抗压强度：大体积混凝土 28 d 龄期每 500 $m^3$ 成型一组，设计龄期每 1 000 $m^3$ 成型一组；非大体积混凝土 28 d 龄期每 100 $m^3$ 成型一组，设计龄期每 200 $m^3$ 成型一组。

抗拉强度：28 d 龄期每 2 000 $m^3$ 成型一组，设计龄期每 3 000 $m^3$ 成型一组。

抗冻、抗渗或其他主要特殊要求应在施工中适当取样检验，其数量可按每季度施工的主要部位取样成型 1～2 组。

**6　土石方填筑过程中的试验检测**

土石方填筑工程开工前,承包商应按照监理批准的碾压试验方案,对土料进行与实际施工条件相仿的现场生产性碾压试验。土石方填筑时应按照批准的碾压试验成果进行质量控制,压实度或相对密度应满足设计要求,确保工程质量。

填筑土石料应符合设计要求,土料含水量与最优含水量的允许偏差为 -2% ~ +3%,经加工的各种反滤料(垫层料)的颗粒级配应符合施工图纸的要求。

检测项目和取样数量如下:

(1)在现场以目测、手测法为主,辅以简易试验,鉴别填筑土料的土质及天然含水量,发现料场土质与设计要求有较大出入时,应取代表性土样做土工试验进行复验。

(2)每层填筑土料碾压前,承包人需取样 3 组检测土料含水量,如不在适宜含水量范围内需用洒水或晾晒方法予以调整,待填筑土料达到适宜含水量范围内方可碾压。

(3)对于黏性土,压实质量检测宜用环刀法,环刀容积不宜小于 100 $cm^3$(内径 50 mm)。对砾质土和砂砾料,宜采用灌砂法或灌水法。采用灌水法时,当砂砾料最大直径不大于 20 mm 时,试坑直径为 150 mm,坑深为 200 mm;当砂砾料最大直径不大于 40 mm 时,试坑直径为 200 mm,坑深为 250 mm;当砂砾料最大直径不大于 60 mm 时,试坑直径为 250 mm,坑深为 300 mm。采用灌砂法时,应按照《土工试验方法标准》(GB 50123—1999)有关要求进行检测。

(4)取样部位应具有代表性,且应在面上均匀分布,特殊情况下取样须加注明;黏性土取样应在压实层厚的下部 1/3 处,当下部 1/3 的厚度不足环刀高度时,以环刀底面达下层顶面时环刀取满土样为准,并记录压实层厚度。

(5)每层碾压完成后,每 50 $m^2$ 取 1 组压实度检测点,且每层不少于 3 个。

(6)若作业面或局部返工部位按填筑量计算的取样数量不足 3 个时,应取样 3 个。

(7)根据招标文件要求,黏土压实度为 99%,非黏土相对密度为 0.75,砂砾料相对密度为 0.75,碎石层料相对密度为 0.7。

(8)在土方填筑过程中,施工单位试验人员应按上述要求进行干密度的取样检测,必要时监理工程师有权要求增加取样数量或在指定的位置取样。同时,监理单位也按一定独立取样检测。

## 2.3.2.14　合同管理监理实施细则

**1　编制依据与适用范围**

**1.1　编制依据**

(1)《中华人民共和国合同法》;

(2)建设工程委托监理合同和施工承包合同;

(3)监理、施工投标书;

(4)国调办关于合同管理有关要求;

(5)经批准的监理规划及有关合同的其他依据。

**1.2　适用范围**

该细则适用于南水北调中线工程郑州 1 段。

**2　合同管理目标**

强化合同管理,兑现合同承诺,自觉履行与建管单位签订的《监理委托合同》,监督承包人全面履行《施工承包合同》。根据有关政策、法律、法规、技术标准和合同条款,公平、公正地处理合同问题,实现进度、投资、质量、安全目标的要求。

3　合同管理内容

（1）开工前监理机构合同管理人员认真收集施工承包合同和委托监理合同,熟悉掌握有关内容。

（2）批准开工报告前,监理人员应比对施工承包合同中的人员、设备,根据进度计划和现场施工条件批复人员和设备进场施工。

（3）施工过程中,应加强对现场人员、设备的动态管理。

（4）按照合同工期批复施工进度计划,并按照进度管理有关要求进行监督。发现重大拖延偏差,应及时要求施工单位完善。

（5）对照工程存在问题和合同要求,合理处理工期、费用索赔事宜。

（6）做好相关资料的整理。

4　合同管理措施

4.1　合同管理职责

4.1.1　依据合同条件,在建设监理合同授权范围内,对监理部合同管理做出统筹规划。

（1）监理部设置专职合同管理监理工程师,负责编写合同管理监理实施细则,报总监理工程师批准后执行。

（2）合同管理监理工程师负责相关资料的整理归档工作。

（3）合同管理监理工程师负责对建设合同执行情况进行监督检查,并将检查结果及纠偏措施通过监理月报向项目管理机构报告。

（4）合同管理监理工程师会同质量控制、进度控制、投资控制等专业的监理工程师对索赔条件全面、公正地进行调查、取证,并向总监理工程师提交专题报告。

（5）总监理工程师负责组织处理索赔事宜。

（6）合同管理人员根据合同要求搞好竣工决算方面的监理工作。

4.1.2　合同管理监理工程师岗位职责

（1）在总监理工程师领导下工作,对总监理工程师负责。

（2）负责本合同段的计量支付、计划统计报表、工程分包、延期及费用索赔、工程变更的审查、处理等合同管理工作,并提供与之有关的原始资料。

（3）全面熟悉合同条款、工程量清单、技术规范、设计图纸等合同文件,严格按照合同文件和监理程序及时准确地做好计量支付和月报,做好工地现场记录、绘制有关合同管理图表及统计工作。

（4）深入工程现场,随时掌握施工现场工料机动态和工程进度情况,做到数量真实、计算准确。

（5）审核承包人申报的支付报表,做到每项工程数量均有签认的检验单和工程数量计算表,工程变更、价格调整、材料垫付款、索赔等均有签认的凭证,报送的购货发票等应有依据。

（6）负责督促承包人及时准确呈报工程有关报表。

(7)审查工程变更单价。

(8)协助总监理工程师对施工计划进行审查。

## 4.2　项目法人责任和义务

(1)按合同规定的条件如期提交施工条件,包括永久用地、临时用地、用电、供水、交通、测量控制桩等。

(2)按期、保质、保量的提供由建设单位供应的材料、设备到现场。

(3)及时提供设计图纸技术资料。

(4)在合同履行过程中,提请项目法人及时履行应尽的责任和义务,使工程项目能如期开工、正常连续实施,不造成违约索赔条件。

## 4.3　合同管理措施

(1)复查合同文件,预先解决合同文件的矛盾和歧义。

合同管理工程师在开展工作之前应认真研究合同文件并进行复查,找出合同各种文件存在的矛盾或含糊不清之处。例如,专用条件对合同通用条件的补充、修改或说明;技术规范与施工图之间的不同、遗漏和矛盾;勘察设计资料与实际工程水文和地质条件之间的差异等。应尽快做出合理解释,以书面形式通知项目法人现场机构和承包人,避免双方在合同执行期间由此产生纠纷。

(2)及时提供有关资料。

按合同规定时限和程序向承包人提交有关资料,包括图纸、变更指示、通知、指令等,避免因工作失误产生合同纠纷。在资料提交给承包人前,组织有关专业的监理工程师复查,确保资料准确无误。

(3)给承包人工作提示。

防范意外风险较早地给予承包人提示。例如,提示详细调查地下管线分布、对地质情况异常进一步验证、关注气象情况等,使承包人及时采取措施以避免造成损失或损失扩大。

(4)提示业主按期完成应尽义务。

监理工程师应积极配合项目法人现场机构,及时按照合同规定的时限完成拆迁、提交永久占地(临时占地)等合同义务,避免因此产生合同纠纷。

(5)加强计划管理。

工程实施期间,关注承包人的月进度计划执行情况。如果违约或延误事件无法避免,应迅速与施工单位洽商,提出减少项目法人和承包人可能遭受损失的措施,并报项目法人现场机构。

(6)协调交叉作业。

在工程施工期间存在着和其他项目交叉作业的问题,并可能因此产生对双方不利的影响。监理工程师可和施工方协商,通过施工方案和进度计划的调整在时间和空间上避免双方的冲突或干扰。

(7)及时、准确地处理延期和索赔。

对于承包人提出的延期和索赔的要求,监理工程师应及时、准确地提出处理意见,以便承包人能合理安排后续工作,避免延期或索赔事件延续或扩大。

5　费用索赔及合同争议的管理

（1）根据合同条件，受理或驳回施工单位对建管单位的索赔。

其主要工作内容有：在施工单位提出索赔申请后，监理工程师根据合同对索赔申请的理由和各项记录进行审核与证实。对索赔理由成立的，按规定程序呈报建设单位，总监理工程师参与合同双方的索赔协调。由于施工单位的因素造成建设期间的额外损失，可按照有关条款，协商建管单位向施工单位索赔。

（2）关于仲裁、诉讼、质询事宜。

协助建管单位在诉讼、仲裁、质询之前，提供支持性的证据，并根据建管单位的需要，为处理工程有关任何事件出庭作证。支持性证据应该有足够的证明材料和关于该纠纷双方应承担的义务的实质内容。

### 2.3.2.15　信息管理监理实施细则

1　总则

1.1　编制依据

本监理实施细则根据《水利工程施工监理规范》（SL 288—2014）、《南水北调中线工程郑州 1 段监理合同》等文件编制。

1.2　适用范围

本监理实施细则适用于监理部南水北调中线郑州 1 段工程的信息管理工作。

1.3　信息管理人员及职责分工

监理部信息管理归口管理部门为综合部，综合部设信息管理专职人员，负责信息管理日常工作，各标段驻地监理工程师配合综合部信息管理工作。

2　工作内容和程序

2.1　监理实施过程中信息资料

监理实施过程中信息资料主要包括下列内容：

（1）往来文函。

（2）施工图纸。

（3）监理报告。包括监理旬报、监理月报、专题报告、质量月报等。

（4）监理管理文件。包括监理规划、监理实施细则、监理工作制度等。

（5）会议纪要。

（6）技术资料。如勘察、测量资料及其复核资料。

（7）分包审批资料。

（8）施工组织设计、施工措施计划、施工进度计划、资金流计划等资料。

（9）材料、构配件和工程设备等的报验、检验资料。

（10）工程计量证书和工程付款证书。

（11）工程变更与索赔资料。

（12）质量缺陷与事故的处理资料。

（13）工程质量评定和工程验收资料。

（14）监理指示、通知单、签证、移交证书、保修责任终止证书等。

（15）监理日记、监理日志、会议纪要、监理报告。

（16）工程图片和影像资料。

（17）其他资料。

## 2.2 监理人向发包人提供的信息文件

### 2.2.1 定期提供的信息文件

（1）根据监理工程项目、范围及内容，随工程施工进展向发包人报送监理旬报、月报、季报和年报，必要时报送日快报；其内容包括：①工程进度分析；②工程质量分析；③工程质量统计；④施工安全统计。

（2）施工安全专题报告。

（3）设计变更与索赔处理的计量和处理结论、支付台账等。

### 2.2.2 不定期提供的报告

（1）关于工程优化设计或变更或施工进展的建议；

（2）资金、资源投入及合理配置的建议；

（3）工程进度及工程进展预测分析报告；

（4）工程质量状况及其分析的专题报告（分项的和总体的）；

（5）发包人合理要求提交的其他报告。

### 2.2.3 监理过程文件

（1）施工措施计划批复文件；

（2）施工进度调整批复文件；

（3）监理协调会议纪要文件；

（4）其他监理业务往来文件。

上述文件和资料应按发包人审查批准的格式，分别提供书面、电子文件，电子文件按发包人规定的方式提供。

监理人审批下达的文件，也采用统一书面或电子文件格式发送施工单位和发包人。

## 2.3 文件收发与传递

### 2.3.1 发文程序

（1）发出文函由拟稿人拟稿，部门负责人核稿打印，填写发文处理签，总监理工程师签发。

（2）监理文件应表述明确、数字准确、简明扼要、用语规范、引用依据恰当。

（3）监理文件应按规定格式编写，紧急文件应注明"急件"字样，有保密要求的文件应注明密级。

（4）所有文件均由综合部统一发送。

### 2.3.2 收文程序

（1）所有收文均由综合部统一签收。

（2）办公室收文后负责编码、填写收文处理签，经监理部领导批示后，根据批示送有关人员经办和传阅。

（3）文件处理完成后，由经办部门或经办人员填写处理结果后，送交办公室存档。

### 2.3.3 文件传递

（1）除另有规定外，承包人向发包人报送的文件均应报送监理机构，经监理机构审核后转报发包人;发包人关于工程施工中与承包人有关事宜的决定,均应通过监理机构通知承包人。

（2）所有来往的文件,除书面文件外,还宜同时包括电子文档。

（3）不符合文件报送程序规定的文件,均视为无效文件。

（4）综合部是文件传递与管理归口部门,所有收发文件均应通过综合部进行传递分发。

## 3 信息文件分类和编码

### 3.1 发文编号

监理机构发文编号有监理单位名称、年份和月份、文件类别、标段名称与序号,具体规定如下。

#### 3.1.1 对承包人发文

发文编号:监理【2012.05】通知 1 – 08 号

其中:监理 ——表示监理单位名称

2012.05——年份、月份

通知 ——文件类别

1 ——标段名称

08 号 ——序号

#### 3.1.2 对业主发文

发文编号:监理【2012.05】报告 11 号

其中:监理 ——表示监理单位名称

2012.05——年份、月份

报告 ——文件类别

11 号 ——序号

### 3.2 文件存档编号

按各参建单位把收发文分开存档,一般按文件编号及时间先后的顺序存档。

## 4 通知与联络

（1）监理机构与发包人和承包人以及与其他人的联络应以书面文件为准。特殊情况下可先口头或电话通知,但事后应按施工合同约定及时予以书面确认。

（2）监理机构发出的书面文件,应加盖监理机构公章和总监理工程师或其授权的监理工程师签字。

（3）监理机构发出的文件应做好签发记录,并根据文件类别和规定的发送程序,送达对方指定联系人,并由收件方指定联系人签收。

（4）监理机构对所有来往文件均应按施工合同约定的期限及时发出和答复,不得扣压或拖延,也不得拒收。

（5）监理机构收到政府有关管理部门和发包人、承包人的文件,均应按规定程序办理签收、送阅、收回和归档等手续。

（6）在监理合同约定期限内,发包人应就监理机构书面提交并要求其做出决定的事宜予以书面答复;超过期限,监理机构未收到发包人的书面答复,则视为发包人同意。

（7）对于承包人提出要求确认的事宜,监理机构应在约定时间内做出书面答复,逾期未答复的,则视为监理机构认可。

## 5　主要信息文件编制要求

### 5.1　监理旬报

监理旬报编制主要内容包括:

（1）监理工程完成形象。根据施工旬报和现场部反映信息编制。

（2）需发包人解决的问题及落实情况。根据上个旬所报施工旬报和本旬解决进展情况填报。

（3）工程质量、进度、安全生产文明施工。根据施工旬报、专职监理工程师和驻地监理反应情况填报。

（4）下旬计划。根据经批准的年度计划、月计划分解旬计划填报。

（5）需要发包人协调解决的问题。包括监理人需发包人协调解决的问题和承包人反映需发包人协调解决的问题。

（6）各施工单位综合排名。根据本旬主要工程量完成情况及建管处考评办法确定综合排名。

### 5.2　监理月报

监理月报应全面反映当月的监理工作情况,编制周期与支付周期同步,在下月的 15 日前发出。监理月报应根据南水北调中线干线建设管理局的范本要求编制。监理月报中的表格宜采用监理规范中施工监理工作常用表格。

监理月报编制主要内容包括:

（1）本月工程描述。

（2）工程质量控制。包括本月工程质量状况及影响因素分析、抽检情况等。

（3）工程进度控制。包括本月施工资源投入、实际进度与计划进度比较、对进度完成情况的分析、存在的问题及采取的措施等。

（4）工程投资控制。包括本月工程计量、工程款支付情况及分析。

（5）合同管理其他事项。包括合同计量签字情况、投资控制过程、工程变更及处理情况、合同索赔、正义及处理情况等。

（6）施工安全和环境保护。包括本月施工安全措施执行情况,安全事故及处理情况,环境保护情况,安全生产、文明施工等。

（7）监理工作情况描述。包括本月监理指令及报告、本月监理投入人员等。

（8）本月工程监理大事记。

（9）其他应提交的资料和说明事项等。

### 5.3　质量月报

质量月报编制主要内容包括:

（1）承包人质量检测及质量评定情况。

（2）监理质量控制及质量评定情况。

（3）下月质量检测计划。

（4）施工存在质量问题、原因分析及处理情况。

（5）其他内容及附件。

### 5.4 监理专题报告

监理专题报告针对监理过程中某项特定的专题撰写。专题事件持续时间较长时,监理机构可提交关于该专题事件的中期报告。

监理专题报告编制主要内容包括:

（1）事件描述。

（2）事件分析。包括事件发生的原因及责任分析、事件对工程质量与安全影响分析、事件对施工进度影响分析、事件对工程费用影响分析。

（3）事件处理。承包人对事件处理的意见、发包人对事件处理的意见、设计单位对事件处理的意见、其他单位或部门对事件处理的意见、监理机构对事件处理的意见、事件最后处理方案或结果(如果为中期报告,应描述截至目前事件处理的现状)。

（4）对策与措施。包括为避免此类事件再次发生或其他影响合同目标实现事件的发生,监理机构的意见和建议。

（5）其他应提交的资料和说明事项等。

### 5.5 监理工作报告

在进行监理范围内各类工程验收时,监理机构应按规定提交相应的监理工作报告。监理工作报告应在验收工作开始前完成。

监理工作报告编制主要内容包括:

（1）验收工程概况。包括工程特性、合同目标、工程项目组成等。

（2）监理规划。包括监理制度的建立、监理机构的设置与主要工作人员、检测采用的方法和主要设备等。

（3）监理过程。包括监理合同履行情况和监理过程情况。

（4）监理效果。包括质量控制监理工作成效及综合评价、投资控制监理工作成效及综合评价、进度控制监理工作成效综合评价、施工安全与环境保护监理工作成效及综合评价。

（5）经验与建议。

（6）其他需要说明或报告事项。

（7）其他应提交的资料和说明事项等。

（8）附件。包括监理机构的设置与主要工作人员情况表、工程建设监理大事记等。

### 5.6 监理工作总结报告

监理工作结束、监理服务期满后,监理机构应在以前各类监理报告的基础上编制全面反映所监理项目情况的监理工作总结报告。监理工作总结报告应在结清监理费用后 56 d 内发出。

监理工作总结报告编制主要内容包括:

（1）监理工程项目概况。包括工程特性、合同目标、工程项目组成等。

（2）监理工作综述。包括监理机构设置与主要工作人员,监理工作内容、程序、方法,监理设备情况等。

（3）监理规划执行、修订情况的总结评价。

(4)监理合同履行情况和监理过程情况简述。

(5)对质量控制的监理工作成效进行综合评价。

(6)对投资控制的监理工作成效进行综合评价。

(7)对施工进度控制的监理工作成效进行综合评价。

(8)对施工安全与环境保护监理工作成效进行综合评价。

(9)经验与建议。

(10)工程建设监理大事记。

(11)其他需要说明或报告事项。

(12)其他应提交的资料和说明事项等。

5.7 监理日记和监理日志

(1)当班现场监理人员应编写个人监理日记。

(2)监理日记主要内容包括天气情况(天气、气温、风力、风向等),施工人员、材料、设备动态,主要施工内容,存在的问题,承包人处理意见、处理措施及处理效果,会议情况,发包人的要求或决定,其他内容等。

(3)监理部应指定专人负责填写项目的监理日志,并由责任监理工程师签名。

(4)监理日志主要内容包括天气情况,施工部位、施工内容和施工形象,施工质量检验、安全作业情况,施工作业中存在问题及处理情况,承包人管理人员及主要技术人员到位情况,施工机械投入运行和设备完好情况,其他内容等。

(5)监理日志按月装订成册。

5.8 监理会议纪要

(1)监理会议主要包括第一次工地会议、监理旬例会、监理专题会议、监理工地会议、监理协调会议、技术交底会议、工程验收会议等。

(2)监理机构应对各类监理会议安排专人负责做好记录和会议纪要的编写工作。

(3)监理会议纪要编制主要内容包括:会议名称、会议时间、会议地点、会议主要议题、组织单位、主持人、参加单位和会议主要内容及结论。

(4)所有参会人员应在会议签到表上签名。

(5)会议纪要应分发与会各方,但不作为实施的依据。监理机构及与会各方应根据会议决定的各项事宜,另行发布监理指示或履行相应文件程序。

6 信息文件整理和归档管理

(1)监理机构应按有关规定及监理合同约定,做好监理资料档案的管理工作。凡要求立卷归档的资料,应按照规定及时归档。

(2)监理资料档案应有专人管理,妥善保管。

(3)在监理服务期满后,对应由监理机构负责归档的工程资料档案逐项清点、整编、登记造册,向发包人移交。

(4)监理机构应督促承包人按有关规定和施工合同约定做好工程资料档案的管理工作。

# 2.4　监理业务培训计划

## 2.4.1　培训目的

　　针对水利工程建设项目对现场监理人员进行业务培训是监理单位和现场监理机构的重要工作内容之一,是监理控制体系建设的必要补充。近年来,现场监理业务培训计划及执行情况也被列为水利部重点水利工程建设项目的督查内容。监理业务培训,旨在提高从业人员的执业素养、执业道德,规范监理行为,提升执业技能,强化现场管理能力,认真履行监理职责,全面实现建设项目各项控制、管理目标,现场监理机构应高度重视此项工作。

## 2.4.2　培训内容

　　(1)有关法律法规、规章制度。例如,《建设工程质量管理条例》(国务院令第 279 号)、《水利工程建设监理规定》(水利部令第 28 号)、《水利工程施工监理规范》(SL 288—2014)等规范、规章,以及监理机构针对工程建设项目制定的监理工作制度、监理工作程序等。

　　(2)熟悉合同条款。学习监理招标投标文件的有关内容,熟悉监理授权范围、监理工作目标、监理职责和义务以及投标承诺等;学习施工招标投标文件,熟悉项目法人、承包人双方的权利、义务和职责。

　　(3)熟悉施工图纸。对分阶段签发的施工图纸,及时组织相关监理人员熟悉工程项目的结构尺寸、相互关系、质量关键点、技术指标等。

　　(4)学习相关施工技术规范。根据工程进展和项目专业特点,学习相关施工规范技术要求,对照施工图纸,开展现场控制管理工作。

　　(5)工程建设标准强制性条文。

　　(6)安全生产有关法规、技术规范。

## 2.4.3　培训方式

　　业务培训方式可以灵活多样,普遍采用的方式有集中授课、交流座谈、专题讨论、案例分析、现场指导、参观典型工程、个别指导等。

## 2.4.4　执行情况检查

　　对业务培训的效果应开展调查评估工作,及时调整培训的内容和培训方式,紧紧围绕工程建设管理目标的实现和实际控制效果把业务培训工作贯穿于项目实施的整个阶段。监理机构业务培训记录见表 2-25。

　　下文收录了河南科光工程建设监理有限公司出山店水库监理 2 标监理部 2015 年 8 月制定的《第一个非汛期监理业务培训制度及计划》,以供参考。

### 表 2-25　监理机构业务培训记录

（监理〔　　〕业培　　号）

合同名称：　　　　　　　　　　　　　　　　　　合同编号：

| 培训内容 | | | | | |
|---|---|---|---|---|---|
| 主持人 | | 时间 | | 地点 | |

业务培训文件清单：

　

培训主要内容记录：

　

记录人：

与会人员签名：

注：可加附页。

第一个非汛期监理业务培训制度及计划

根据监理合同约定和控制性进度计划、已经批复的施工进度计划，按照公司质量管理体系认证的有关要求，结合工程建设实际，监理部组织编制了第一个非汛期监理业务培训制度及计划。

（1）监理规范学习培训。

除公司组织全员进行《水利工程施工监理规范》（SL 288—2014）培训学习外，监理部根据工程进展情况分阶段组织学习。

（2）监理规划、监理工作制度、监理人员职责及行为规范、监理部内部管理制度等学习培训由总监理工程师对进场监理人员进行培训，计划定于 2015 年 8 月进行。

（3）监理人员安全生产培训。

由监理部安全监理工程师对现场监理人员进行《水利工程施工安全防护设施技术规

范》(SL 714—2015)等安全技术规范、现场安全管理等培训,计划定于 2015 年 9 月进行。

（4）土石方开挖质量控制。

由专业监理工程师结合《水利水电工程单元工程施工质量验收评定标准——土石方工程》(SL 631—2012)、《土石方开挖监理实施细则》对现场监理人员进行培训,计划定于 2015 年 9 月进行。

（5）土方填筑质量控制。

由专业监理工程师结合《水利水电工程单元工程施工质量验收评定标准——土石方工程》(SL 631—2012)、《土方填筑监理实施细则》对现场监理人员进行培训,培训应于土方填筑开工前组织学习。

（6）原材料进场验收、检验。

由专业监理工程师结合监理合同、《水利工程施工监理规范》(SL 288—2014)、《水利水电工程单元工程施工质量验收评定标准——混凝土工程》(SL 632—2012)、《水工混凝土施工规范》(SL 677—2014)等对现场监理人员进行培训,计划定于 2015 年 10 月进行。

（7）钢筋加工、制作和安装质量控制。

由专业监理工程师结合《水利工程施工监理规范》(SL 288—2014)、《水利水电工程单元工程施工质量验收评定标准——混凝土工程》(SL 632—2012)、《水工混凝土施工规范》(SL 677—2014)等对现场监理人员进行培训,计划定于 2015 年 12 月进行。

（8）混凝土拌和、运输、浇筑、养护质量控制。

由专业监理工程师结合《水利工程施工监理规范》(SL 288—2014)、《水利水电工程单元工程施工质量验收评定标准——混凝土工程》(SL 632—2012)、《水工混凝土施工规范》(SL 677—2014)等对现场监理人员进行培训,计划定于 2015 年 12 月进行。

# 第3章　原材料、中间产品检验与质量控制

## 3.1　监理人原材料质量检查的职责和权利

《通用合同条件》对监理人质量检查的职责和权利有明确规定,其中:

(1)(22.3款)监理人有权对全部工程的所有部位及其任何一项工艺、材料和工程设备进行检查和检验。承包人应为监理人的质量检查和检验提供一切方便,包括监理人到施工现场或制造、加工地点或合同规定的其他地方察看和查阅施工记录。承包人还应按监理人指示,进行现场取样试验、工程复核测量和设备性能检测,提供试验样品、试验报告和测量成果以及监理人要求进行的其他工作。监理人的检查和检验不免除承包人按合同规定应负的责任。

(2)(23.1款)材料和工程设备的检验和交货验收。

①承包人负责采购的材料和工程设备,应有承包人会同监理人进行检验和交货验收,验收时应同时查验材质证明和产品合格证书。承包人还应按合同《技术条款》的规定进行材料的抽样检验和工程设备的检验测试,并将检验结果提交监理人,其所需费用由承包人承担。

监理人应按合同规定参加交货验收,承包人应为监理人进行交货验收的监督检查提供一切方便。监理人参加交货验收不免除承包人在检验和交货中应负的责任。

②发包人负责采购的工程设备,应由发包人和承包人在合同规定的交货地点共同进行交货验收,并由发包人正式移交给承包人。在验收时,承包人应按监理人指示进行工程设备的检验测试,并将检验结果提交监理人,其所需费用由发包人承担。

(3)(23.2款)监理人进行检查和检验。

对合同规定的材料和工程设备,应由监理人与承包人按商定的时间和地点共同进行检查和检验。若监理人未按商定的时间派员到场参加检查和检验,除监理人另有指示外,承包人可自行检查和检验,并立即将检查或检验结果提交监理人,除合同另有规定外,监理人应在事后确认承包人提交的检查或检验结果,若监理人对承包人自行检查和检验的结果有疑问时,可按第22.3款的规定进行抽样检验。检验结果证明该材料或工程设备质量不符合合同要求,则由承包人承担抽样检验的费用和工期延误责任;检验结果证明该材料或工程设备质量符合合同要求,则由发包人承担事后的抽样检验费用和工期延误责任。

(4)(23.3款)未按规定进行检查和检验。

承包人未按合同规定对材料和工程设备进行检查和检验,监理人有权指示承包人按合同规定补做检查和检验,承包人应遵照执行,并应承担所需的检查和检验费用和工期延误责任。

（5）（23.4 款）不合格的材料和工程设备。

①承包人使用了不合格的材料和工程设备,监理人有权按 26.2 款规定指示承包人予以处理,由此造成的损失由承包人负责。

②监理人的检查和检验结果表明承包人提供的材料和工程设备不符合合同要求时,监理人可以拒绝验收,并立即通知承包人,承包人除应立即停止使用外,还应与监理人共同研究补救措施,由此增加的费用和工期延误责任由承包人承担。

③若按第 23.1 款②项规定的检查和检验结果表明,发包人提供的工程设备不符合合同要求,承包人有权拒绝接收,并可要求发包人予以更换,由此增加的费用和工期延误责任由发包人承担。

（6）（23.5 款）额外检验和重新检验。

①若监理人要求承包人对某项材料和工程设备的检查和检验在合同中未做规定,监理人可以指示承包人增加额外检验,承包人应遵照执行,但应由发包人承担额外检验的费用和工期延误责任。

②不论何种原因,若监理人对以往的检验结果有疑问,则可以指示承包人重新检验,承包人不得拒绝。若重新检验结果证明这些材料和工程设备不符合合同要求,则应由承包人承担重新检验的费用和工期延误责任;若重新检验结果证明这些材料和工程设备符合合同要求,则应由发包人承担重新检验的费用和工期延误责任。

（7）（23.6 款）承包人不进行检查和检验的补救办法。

承包人不按 23.3 款和 23.5 款的规定完成监理人指示的检查和检验工作,监理人可以指派自己的人员或委托其他有资质的检验机构或人员进行检查和检验,承包人不得拒绝,并应提供一切方便。由此增加的费用和工期延误由承包人承担。

（8）（26.1 款）禁止使用不合格的材料和工程设备。

工程使用的一切材料和工程设备,均应满足本合同《技术条款》和施工图纸规定的等级、质量标准和技术特性。监理人在工程质量的检查和检验中发现承包人使用了不合格的工程材料和工程设备时,可以随时发出指示,要求承包人立即改正,并禁止在工程中继续使用这些不合格的材料和工程设备。

（9）（26.2 款）不合格的工程、材料和工程设备的处理。

①由于承包人使用了不合格的材料和工程设备造成了工程损害,监理人可以随时发出指示,要求承包人立即采取措施进行补救,直至彻底清除工程的不合格部位以及不合格的材料和工程设备,由此增加的费用和工期延误责任由承包人承担。若上述不合格的材料或工程设备是发包人提供的,应由发包人负责更换,并承担由此增加的费用和工期延误责任。

②若承包人无故拖延或拒绝执行监理人的上述指示,则发包人有权委托其他承包人执行该项指示,由此增加的费用和利润以及工期延误责任由承包人承担。

# 3.2　原材料检验

## 3.2.1　细骨料检验

### 3.2.1.1　名词解释

天然砂:由自然条件作用而形成的,粒径在 5 mm 以下的岩石颗粒。按其来源不同分为河砂、海砂和山砂。

含泥量:砂中粒径小于 0.08 mm 颗粒含量。

泥块含量:砂中粒径大于 1.25 mm,经水洗、手捏后变成粒径小于 0.63 mm 颗粒含量。

坚固性:砂在气候、环境变化或其他物理因素作用下抵抗破裂的能力。

轻物质:砂中相对密度小于 2 000 kg/m³ 的物质。

碱活性骨料:能与水泥或混凝土中的碱发生化学反应的骨料。

表观密度:骨料颗粒单位体积(包括内封闭孔隙)的质量。

堆积密度:骨料在自然堆积状态下单位体积的质量。

紧密密度:骨料按规定方法颠实后单位体积的质量。

分计筛余百分数:各筛上的筛余量除以试样总量的百分数,精确至 0.1%。

累计筛余百分数:该筛上的分计筛余百分数与大于该筛的各筛上的分计筛余百分数之总和,精确至 1%。以确定试样的颗粒级配分布情况。

### 3.2.1.2　细度模数

砂的粗细程度按细度模数 $\mu_t$ 分为粗砂、中砂、细砂。《普通混凝土用砂、石质量及检验方法标准》(JGJ 52—2006)、《水利水电工程天然建筑材料勘察规程》(SL 251—2015)分别给出了粗砂、中砂、细砂的细度模数取值范围(见表 3-1)。需要特别强调的是,由于两个规范细度模数的计算方法存在差异,因此根据细度模数确定砂的分类时,应明确适用的规范和标准。

表 3-1　砂的分类标准

| 砂 | $\mu_t$(JGJ 52—2006) | $F_M$(SL 251—2015) |
|---|---|---|
| 粗砂 | 3.7 ~ 3.1 | 3.19 ~ 3.85 |
| 中砂 | 3.0 ~ 2.3 | 2.50 ~ 3.19 |
| 细沙 | 2.2 ~ 1.6 | 1.78 ~ 2.50 |

《普通混凝土用砂、石质量及检验方法标准》(JGJ 52—2006)规定,筛分试验应采用两个试样平行试验。细度模数以两次试验结果的算术平均值为测定值(精确至 0.1)。当两次试验所得的细度模数之差大于 0.2 时,应重新取样进行试验。砂的细度模数计算式为

$$\mu_t = \frac{\beta_2 + \beta_3 + \beta_4 + \beta_5 + \beta_6 - 5\beta_1}{100 - \beta_1}$$

式中:$\beta_1$、$\beta_2$、$\beta_3$、$\beta_4$、$\beta_5$、$\beta_6$ 分别为 5 mm、2.5 mm、1.25 mm、0.63 mm、0.315 mm、0.16 mm 各方孔筛上的累计筛余百分数;细度模数精确至 0.01。

《水利水电工程天然建筑材料勘察规程》(SL 251—2015)细度模数,用筛分试验中孔径小于 5 mm 各号筛的累计筛余百分数的总和除以 100 来表示。细度模数计算式为

$$F_M = \frac{A_{2.5} + A_{1.25} + A_{0.63} + A_{0.315} + A_{0.158}}{100}$$

式中:$A_{2.5}$、$A_{1.25}$、$A_{0.63}$、$A_{0.315}$、$A_{0.158}$ 分别为 2.5 mm、1.25 mm、0.63 mm、0.315 mm、0.158 mm 各筛上的累计筛余百分数;细度模数精确至 0.01。

### 3.2.1.3　砂的质量标准

砂的细度模数、表观密度、堆积密度、云母含量、含泥量、有机质含量、轻物质含量、碱活性、石粉含量、坚固性等指标应符合招标文件技术条款、施工图纸或相关适用施工规范技术标准。

砂料应质地坚硬、清洁、级配良好,使用山砂、特细砂应经过试验论证。

砂料中有活性骨料时,必须经过专门的试验论证。

《普通混凝土用砂、石质量及检验方法标准》(JGJ 52—2006)中规定,砂按 0.63 mm 筛孔的累计筛余量分成 3 个级配区(见表 3-2),砂的颗粒级配应处于表中的任何一个区以内,其中 5 mm、0.63 mm 筛孔的累计筛余量不允许超界、其他其总量百分数超界应不大于 5%。当砂的颗粒级配不符合表 3-2 要求时,应采取相应措施经试验证明能确保工程质量,方可使用;配制混凝土时宜优先选用Ⅱ区砂。当采用Ⅰ区砂时,应提高砂率,并保持足够的水泥用量,以满足混凝土的和易性。当采用Ⅲ区砂时,宜适当减小砂率,以保证混凝土强度;泵送混凝土宜采用中砂。

表 3-2　砂颗粒级配区累计筛余量　　　　　　　　　(%)

| 筛孔尺寸(mm) | Ⅰ区 | Ⅱ区 | Ⅲ区 |
|---|---|---|---|
| 5 | 10 ~ 0 | 10 ~ 0 | 10 ~ 0 |
| 2.5 | 35 ~ 5 | 25 ~ 0 | 15 ~ 0 |
| 1.25 | 65 ~ 35 | 50 ~ 10 | 25 ~ 0 |
| 0.63 | 85 ~ 71 | 70 ~ 41 | 40 ~ 16 |
| 0.315 | 95 ~ 80 | 92 ~ 70 | 85 ~ 55 |
| 0.160 | 100 ~ 90 | 100 ~ 90 | 100 ~ 90 |

《水利水电工程天然建筑材料勘察规程》(SL 251—2015)中规定,混凝土细骨料的颗粒级配范围见表 3-3。

### 3.2.1.4　质量控制

(1)供货单位应提供产品合格证或质量检验报告。承包人应会同监理人按同产地、同规格分批验收。以 400 m³ 或 600 t 为一验收批。不足上述数量者以一批论。

表 3-3　混凝土细骨料颗粒级配范围

| 项目 | | 细砂 | 中砂 | 粗砂 |
|---|---|---|---|---|
| 筛孔尺寸（mm） | 5 | 0 | 0 ~ 8 | 8 ~ 15 |
| | 2.5 | 3 ~ 10 | 10 ~ 25 | 25 ~ 40 |
| | 1.25 | 5 ~ 30 | 30 ~ 50 | 50 ~ 70 |
| | 0.63 | 30 ~ 50 | 50 ~ 67 | 67 ~ 83 |
| | 0.315 | 55 ~ 70 | 70 ~ 83 | 83 ~ 95 |
| | 0.158 | 85 ~ 90 | 90 ~ 94 | 94 ~ 97 |
| 平均粒径（mm） | | 0.31 ~ 0.36 | 0.36 ~ 0.43 | 0.43 ~ 0.66 |
| 细度模数 | | 1.78 ~ 2.50 | 2.50 ~ 3.19 | 3.19 ~ 3.85 |

（2）每验收批至少应进行颗粒级配、含泥量和泥块含量检验。当对其他指标的合格性有怀疑时,应予以检验;对重要工程或特殊工程应根据工程要求,增加检测项目。当质量比较稳定、进料量又较大时,可定期检验;使用新产源的砂时,应由供货单位按混凝土用砂的质量要求进行全面检验。

（3）若检验不合格,则应重新取样;对不合格项进行加倍复验,若仍有一个试样不能满足标准要求,则应按不合格品处理。

### 3.2.1.5　取样方法

（1）取样:在料堆上取样时,取样部位应均匀分布。取样前先将取样部位表层铲除,然后由各部位抽取大致相等的砂共 8 份,组成一组样品。

（2）样品的缩分:将样品在潮湿状态下拌和均匀,用分料器或人工四分法所分,直至缩分后的材料量略多于进行试验所必需的量。

（3）取样数量:表 3-4 为每一试验项目所需最少取样数量,供取样时参考。

表 3-4　试验项目所需最少取样数量

| 试验项目 | 最少取样数量（g） | 试验项目 | 最少取样数量（g） |
|---|---|---|---|
| 筛分 | 4 400 | 有机质含量 | 2 000 |
| 表观密度 | 2 800 | 云母含量 | 600 |
| 吸水率 | 4 000 | 轻物质含量 | 3 200 |
| 堆积密度 | 5 000 | 坚固性 | 四个粒级各 100 |
| 含水量 | 1 000 | 硫化物、硫酸盐 | 50 |
| 含泥量 | 4 400 | 氯离子含量 | 2 000 |
| 泥块含量 | 10 000 | 碱活性 | 7 500 |

## 3.2.2　粗骨料检验

### 3.2.2.1　名词解释

针状颗粒:颗粒长度与宽度之比大于 3 的颗粒。

片状颗粒:颗粒宽度与厚度之比大于 3 的颗粒。

软弱颗粒:在饱水条件下,粒径 5 ~ 10 mm、10 ~ 20 mm、20 ~ 40 mm 的粗骨料颗粒,分别在 0.15 kN、0.25 kN、0.34 kN 压力下可破碎的颗粒。

压碎值:粗骨料颗粒均匀加荷至 200 kN 保持 3 ~ 5 min,试样颗粒被压碎小于 2.5 mm 以下颗粒的含量。

坚固性:粗骨料对硫酸钠饱和溶液结晶膨胀破坏作用的抵抗能力。

### 3.2.2.2　质量标准

(1)粗骨料的最大粒径不应超过钢筋最小净间距的 2/3、构件断面最小边长的 1/4、素混凝土板厚的 1/2,对少筋或无筋结构,应选用较大的粗骨料粒径。

(2)施工中应将骨料按粒径分成下列几种级配:

一级配:5 ~ 20 mm,最大粒径 20 mm;

二级配:5 ~ 20 mm、20 ~ 40 mm,最大粒径 40 mm;

三级配:5 ~ 20 mm、20 ~ 40 mm、40 ~ 80 mm,最大粒径 80 mm。

采用连续级配或间断级配,应由试验确定并经监理人同意,如采用间断级配,应注意混凝土运输中骨料的分离问题。

(3)含有碱活性、黄锈等的骨料,必须进行专门试验论证后才能使用。

(4)超逊径指标。以圆孔筛检验时,超径不大于 5%、逊径不大于 10%;以超逊径(方孔)筛检验时,超径为 0、逊径不大于 2%。

(5)粗骨料级配。各级骨料应避免分离,$D_{20}$、$D_{40}$、$D_{80}$ 和 $D_{150}$($D_{120}$)分别采用孔径为 10 mm、30 mm、60 mm 和 115 mm(100 mm)的中径(方孔)筛检验,中径筛余率宜为 40% ~ 70%。

(6)压碎值。粗骨料的压碎值指标应符合《水工混凝土施工规范》(SL 677—2014)中的规定(见表 3-5),其他品质要求见该规范常用控制指标章节。

表 3-5　粗骨料的压碎值指标　　　　　　　　　　(%)

| 骨料类别 | | 设计龄期混凝土抗压等级 | |
| --- | --- | --- | --- |
| | | ≥30 MPa | < 30 MPa |
| 碎石 | 沉积岩 | ≤10 | ≤16 |
| | 变质岩 | ≤12 | ≤20 |
| | 岩浆岩 | ≤13 | ≤30 |
| 卵石 | | ≤12 | ≤16 |

### 3.2.2.3　质量控制

(1)供货单位应提供产品合格证及质量检验报告。承包人应按同产地、同规格分批验收。400 m³ 或 600 t 为一验收批,不足上述数量者以一验收批论。

（2）每验收批至少应进行颗粒级配、含泥量、泥块含量、压碎指标及针片状颗粒含量检验。对重要工程或特殊工程应根据工程要求增加检测项目。对其他指标的合格性有怀疑时应予检验。当质量比较稳定、进料量又较大时,可定期检验。当使用新产源的石子时,应由供货单位按骨料质量要求进行全面检验。

（3）当检验不合格时,应重新取样。对不合格项进行加倍复验,若仍有一个试样不能满足标准要求,应按不合格品处理。

#### 3.2.2.4 取样方法

（1）取样。在料堆上取样时,取样部位应均匀分布。取样前先将取样部位表面铲除,然后由各部位抽取大致相等的石子 15 份（在料堆的顶部、中部和底部各由均匀分布的五个不同部位取得）组成一组样品。

（2）样品的缩分。将每组样品置于平板上,在自然状态下拌混均匀,并堆成锥体,然后沿互相垂直的两条直径把锥体分成大致相等的四份,取其对角的两份重新拌匀,重复上述过程,直至缩分后的材料略多于进行试验所必需的量。

碎石或卵石的含水量、堆积密度、紧密密度检测所用的试样,不经缩分,拌匀后直接进行试验。

（3）取样数量。不同粒径、不同检测项目最少取样数量参考表 3-6 取用。

**表 3-6 粗骨料检验最少取样数量** （单位:kg）

| 试验项目 | 最大粒径（mm） | | | | | | | |
|---|---|---|---|---|---|---|---|---|
| | 10 | 16 | 20 | 25 | 31.5 | 40 | 63 | 80 |
| 筛分 | 10 | 15 | 20 | 20 | 30 | 40 | 60 | 80 |
| 表观密度 | 8 | 8 | 8 | 8 | 12 | 16 | 24 | 24 |
| 含水量 | 2 | 2 | 2 | 2 | 3 | 3 | 4 | 6 |
| 吸水率 | 8 | 8 | 16 | 16 | 16 | 24 | 24 | 32 |
| 密度 | 40 | 40 | 40 | 40 | 80 | 80 | 120 | 120 |
| 含泥量 | 8 | 8 | 24 | 24 | 40 | 40 | 80 | 80 |
| 泥块含量 | 8 | 8 | 24 | 24 | 40 | 40 | 80 | 80 |
| 针片状含量 | 1.2 | 4 | 8 | 8 | 20 | 40 | — | — |
| 硫化物、硫酸盐 | 1.0 | 1.0 | 1.0 | 1.0 | 1.0 | 1.0 | 1.0 | 1.0 |

### 3.2.3 水泥

#### 3.2.3.1 水泥选用原则

混凝土配合比选择水泥品种应符合下列原则:

（1）水位变化区、溢流面和经常受水流冲刷部位的混凝土及有抗冻要求的混凝土,宜选用中热硅酸盐水泥或硅酸盐水泥,也可选用普通硅酸盐水泥。

（2）内部混凝土、水下混凝土和基础混凝土宜选用中热硅酸盐水泥，也可选用低热矿渣硅酸盐水泥、矿渣硅酸盐水泥、火山灰质硅酸盐水泥、粉煤灰硅酸盐水泥、普通硅酸盐水泥和低热微膨胀水泥。

（3）环境水对混凝土有硫酸盐侵蚀时，应选择抗硫酸盐、硅酸盐水泥。

#### 3.2.3.2　质量控制

运至工地的水泥，应有出厂品质试验报告。水泥进场时应对其品种、级别、包装或散装仓号、出厂日期等进行检查，复检指标包括水泥强度等级、凝结时间、体积安定性、稠度、细度、比重等指标。

碱活性指标应满足《预防混凝土工程碱骨料反应技术条例（试行）》的规定。

钢筋混凝土结构、预应力混凝土结构中，严禁使用含氯化物的水泥。

#### 3.2.3.3　取样方法、数量

检查数量按同一生产厂家、同一等级、同一品种、同一批号且连续进场的水泥，袋装不超过 200 t 为一批、散装不超过 500 t 为一批。

取样可采用机械连续取样，亦可从 20 个不同部位水泥中等量取样，混合均匀后作为样品，其总数量至少 10 kg。

#### 3.2.3.4　水泥的保管及使用

水泥的保管及使用应遵守《水工混凝土施工规范》（SL 677—2014）中的规定：

（1）优先使用散装水泥。

（2）运到工地的水泥，应按标明的品种、强度等级、生产厂家和出厂批号，分别储存到有明显标志的储罐或仓库中，不得混装。

（3）水泥在运输和储存过程中应防水防潮，已受潮结块的水泥应经处理并检验合格后方可使用。罐储水泥宜一个月倒罐一次。

（4）水泥仓库应有排水、通风措施，保持干燥。堆放袋装水泥时，应设防潮层，距地面、边墙至少 30 cm，堆放高度不得超过 15 袋，并留出运输通道。

（5）散装水泥运至工地的入罐温度不宜高于 65 ℃。

（6）先出厂的水泥应先用。袋装水泥储运时间超过 3 个月，散装水泥超过 6 个月，使用前应重新检验。

（7）应避免水泥的散失浪费，注意环境保护。

## 3.2.4　粉煤灰

#### 3.2.4.1　粉煤灰质量指标

粉煤灰品质指标和等级见表 3-7。

#### 3.2.4.2　质量控制

（1）每批粉煤灰应有供灰单位的出厂合格证，报送监理人。合格证的内容应包括厂名、合格证编号、粉煤灰等级、批号及出厂日期、粉煤灰数量及质量检验结果等。

（2）粉煤灰的取样，应以连续供应的 200 t 相同等级的粉煤灰为一批，不足 200 t 者按一批计。

表 3-7　粉煤灰品质指标和等级

| 序号 | 指标 | 等级 | | |
|:---:|:---:|:---:|:---:|:---:|
| | | Ⅰ级 | Ⅱ级 | Ⅲ级 |
| 1 | 细度(45 μm 方孔筛筛余,%) | ≤12 | ≤20 | ≤45 |
| 2 | 烧失量(%) | ≤5 | ≤8 | ≤15 |
| 3 | 需水量比(%) | ≤95 | ≤105 | ≤115 |
| 4 | 三氧化硫(%) | ≤3 | ≤3 | ≤3 |

(3)每批的粉煤灰试样,应测定细度和烧失量。对同一供灰单位每月测定一次需水量比,每季度应测定一次三氧化硫含量。

(4)粉煤灰的质量检验,应符合各项质量指标的规定。当有一项指标达不到规定要求时,应重新从同一批中加倍取样进行复检,复检后仍达不到要求时,该批粉煤灰应作为不合格品或降级处理。

(5)粉煤灰碱活性指标应满足《预防混凝土工程碱骨料反应技术条例(试行)》的规定。

### 3.2.4.3　取样方法和取样数量

散装灰的取样,应从每批不同部位取 15 份试样,每份不得少于 1 kg,混拌要均匀;袋装灰的取样,应从每批中任抽 10 袋,每袋各取试样不得少于 1 kg;按四分法缩取出比试验用量大一倍的试样。

### 3.2.4.4　粉煤灰的储存使用

应设置专用料仓或料库。不得与水泥等其他粉状材料一起运输、存放,并应有防尘措施。采用干掺工艺时应防止粉煤灰受潮结块。

## 3.2.5　钢筋

### 3.2.5.1　名词解释

(1)HPB:热轧光圆钢筋。

(2)HRB:热轧带肋钢筋。

(3)钢筋的屈服强度:钢材或试样在拉伸时,当应力超过弹性极限,即使应力不再增加,而钢材或试样仍继续发生明显的塑性变形,此现象称为屈服,而产生屈服现象时的最小应力值即为屈服点或屈服强度。有些钢材(如高碳钢)无明显的屈服现象,通常以发生微量的塑性变形(0.2%)时的应力作为该钢材的屈服强度,称为条件屈服强度。

(4)钢筋的抗拉强度:材料在拉伸过程中,从开始到发生断裂时所达到的最大应力值。它表示钢材抵抗断裂的能力大小。

(5)钢筋的伸长率:材料在拉断后,其塑性伸长的长度与原试样长度的百分比叫伸长率或延伸率。

#### 3.2.5.2　钢筋质量检验

对不同厂家、不同规格的钢筋,应分批按国家钢筋检验的现行规定进行检验,检验合格的钢筋方可用于加工。检验时以 60 t 同一批号、同一规格尺寸的钢筋为一批,超过 60 t 的部分每增加 40 t(或不足 40 t 的余数)增加一个拉伸试验试样和一个弯曲试验试样。

在拉力检验项目中,应包括屈服点、抗拉强度和伸长率三个指标。如有一个指标不符合规定,即认为拉力检验项目不合格。

冷弯试件弯曲后,不得有裂纹、剥落或断裂。

钢筋检验中,如果有任何一个检验项目的任何一个试件不符合规定,则应另取两倍数量的试件,对不合格项目进行第二次检验,如果第二次检验中还有试件不合格,则该检验批钢筋不合格。

对有抗震设防要求的框架结构,其纵向受力钢筋的强度应满足设计要求。当设计无具体要求时,对一、二级抗震等级,检验所得的强度实测值应符合:钢筋的抗拉强度实测值与屈服强度实测值的比值不应小于 1.25,钢筋的屈服强度实测值与强度标准值的比值不应大于 1.3。

#### 3.2.5.3　取样方法

任意选取两根经外部质量检查和直径测量合格的钢筋,各截取一个抗拉试件和一个冷弯试件进行检测,采取的试件应有代表性,不得在同一根钢筋上取两根或两根以上同用途试件。

钢筋取样时,钢筋端部先截取 500 mm 再取试样,每组试样要分别标记,不得混淆。

#### 3.2.5.4　钢筋的存放

(1)运入加工现场的钢筋,必须具有出厂质量证明书或试验报告单,每捆(盘)钢筋均应挂上标牌,注明厂标、钢号、产品批号、规格、尺寸等项目,在运输和储存时不得损坏和遗失。

(2)到货的钢筋应根据原附质量证明书或试验证明单按不同等级、牌号、规格及生产厂家分批验收检查每批钢筋的外观质量,查看锈蚀程度及有无裂缝、结疤、麻坑、气泡、砸碰伤痕等,并应测量钢筋的直径。不符合质量要求的不得使用,或经研究同意后可降级使用。

(3)验收后的钢筋应按不同等级、牌号、规格及生产厂家分批分别堆放,不得混杂,且宜立牌便于识别。钢筋应设专人管理,建立严格的管理制度。

(4)钢筋宜存放在料棚内,当条件不具备时,应选择地势较高、无积水、无杂草,且高于地面 20 cm 的地方放置,堆放高度应以最下层钢筋不变形为宜,必要时应加遮盖。

(5)钢筋不得和酸、盐、油等物品存放在一起,存放地点应远离有害气体,防止钢筋锈蚀或污染。

### 3.2.6　常用原材料检验控制指标

不同类型的工程建设项目涉及的原材料类别、品种规格也不尽相同,本节根据南水北调中线工程郑州 1 段所使用的原材料整理出了几种较为常用的原材料检验控制指标供参考使用。需要指出的是,其他项目在参考引用时应根据工程项目的施工图纸、招标文件技术条款以及新修订颁布的施工技术规范对所列指标进行补充和修正。

水工建筑物常用原材料包括水泥、粉煤灰、粗骨料、细骨料、外加剂、钢筋、铜止水、橡胶止水、闭孔泡沫板等,检验频次和控制指标见表 3-8 ~ 表 3-23。

表 3-8　粉煤灰质量检验项目和检验频率

| 名称 | 检查项目 | 质量指标 | 检验方法 | 检验数量 |
|---|---|---|---|---|
| 粉煤灰 | 细度(45 μm 方孔筛筛余)(%) | Ⅰ级:≤12,Ⅱ级:≤25,Ⅲ级:≤45 | 现场取样专项检测 | 每 200 t 检验一次,不足 200 t 按一个检验批 |
| | 烧矢量(%) | Ⅰ级:≤5,Ⅱ级:≤8,Ⅲ级:≤15 | | |
| | 需水量比(%) | Ⅰ级:≤95,Ⅱ级:≤105,Ⅲ级:≤115 | | |
| | 三氧化硫含量(%) | ≤3 | | |

注:本表数据采用《水工混凝土掺用粉煤灰技术规范》(DL/T 5055—2007)。

表 3-9　水泥质量检验项目和检验频率

| 检查项目 | 质量指标 | 检验方法 | 检验数量 |
|---|---|---|---|
| 碱含量 | ≤0.60% | 现场取样专项检测 | 每 400 t 检验一次,不足 400 t 按一个检验批 |
| 胶砂强度 | GB 175—2007(第 4 页 7.3.3 款) | | |
| 安定性 | 沸煮法合格 | | |
| 凝结时间 | 初凝不小于 45 min,终凝不大于 600 min | | |
| 细度 | 0.08 mm 方孔筛筛余量≤10% | | |
| 标准稠度用水量 | GB/T 1346—2011 | | |
| MgO 含量 | GB 175—2007(第 3 页 7.1 款) | | |
| SO_3 含量 | GB 175—2007(第 3 页 7.1 款) | | |
| 氯离子含量 | GB 175—2007(第 3 页 7.1 款) | | |
| 烧失量 | GB 175—2007(第 3 页 7.1 款) | | |

注:本表数据采用《通用硅酸盐水泥》(GB 175—2007)。

表 3-10　混凝土细骨料

| 项次 | 检查项目 | 质量标准 | 检验方法 | 检验数量 |
|---|---|---|---|---|
| 1 | 石粉含量(%) | 6～18(人工砂) | | |
| 2 | 含泥量(%)(天然砂) | 混凝土强度大于 30 MPa 或有抗冻要求≤3,小于 30 MPa 时≤5 | | |
| 3 | 泥块含量 | 不允许 | | 每 400 m³ 或 600 t 检验一次,不足 400 m³ 按一个检验批 |
| 4 | 有机物含量 | 浅于标准溶液颜色 | | |
| 5 | 云母含量(%) | ≤2 | | |
| 6 | 表观密度(kg/m³) | ≥2 500 | 现场取样专项检测 | |
| 7 | 细度模数 | 天然砂 2.2～3.0　人工砂 2.4～2.8 | | |
| 8 | 硫化物及硫酸盐含量(%) | ≤1 | | |
| 9 | 轻物质含量(%) | ≤1 | | |
| 10 | 坚固性(%) | ≤8(有抗冻或抗侵蚀要求)<br>≤10(无抗冻要求) | | |
| 11 | 表面吸水率(%) | ≤6 | | |

注:本表数据采用《水工混凝土施工规范》(SL 677—2014)。

表 3-11　混凝土粗骨料

| 项次 | 检查项目 | | 质量标准 | 检验方法 | 检验数量 |
|---|---|---|---|---|---|
| 1 | 泥土杂质含量(%) | | $D_{20}$、$D_{40}$ 级≤1;$D_{80}$、$D_{150}$ 级≤0.5 | | |
| 2 | 泥块含量 | | 不允许 | | |
| 3 | 有机物含量 | | 浅于标准溶液颜色 | | |
| 4 | 针片状颗粒含量(%) | | 混凝土强度大于 30 MPa 或有抗冻要求≤15,小于 30 MPa 时≤25 | | |
| 5 | 表观密度(kg/m³) | | ≥2 550 | | |
| 6 | 超逊径含量(%) | 超径 | 原孔筛<5,超径筛为 0 | | 每 400 m³ 或 600 t 检验一次,不足 400 m³ 按一个检验批 |
| | | 逊径 | 原孔筛<10,超径筛<2 | 现场取样专项检测 | |
| 7 | 中径筛余量(%) | | $D_{40}$、$D_{20}$ 中径 30 mm、10 mm 方孔筛的筛余量控制在 40～70 | | |
| 8 | 软弱颗粒含量(%) | | 混凝土强度大于 30 MPa 或有抗冻要求≤5,小于 30 MPa 时≤10 | | |
| 9 | 坚固性(%) | | ≤5(有抗冻和抗侵蚀要求)<br>≤12(无抗冻要求) | | |
| 10 | 压碎值 | | 根据骨料岩性、混凝土强度取值 | | |
| 11 | 硫化物及硫酸盐含量(%) | | ≤0.5 | | |
| 12 | 吸水率(%) | | 有抗冻或抗侵蚀要求的混凝土≤1.5,无抗冻要求的混凝土≤2.5 | | |

注:本表数据采用《水工混凝土施工规范》(SL 677—2014)。

表 3-12　水泥胶砂强度

| 品种 | 强度等级 | 抗压强度(MPa) | | 抗折强度(MPa) | |
|---|---|---|---|---|---|
| | | 3 d | 28 d | 3 d | 28 d |
| 硅酸盐水泥 | 42.5 | ≥17.0 | ≥42.5 | ≥3.5 | ≥6.5 |
| | 42.5R | ≥22.0 | | ≥4.0 | |
| | 52.5 | ≥23.0 | ≥52.5 | ≥4.0 | ≥7.0 |
| | 52.5R | ≥27.0 | | ≥5.0 | |
| | 62.5 | ≥28.0 | ≥62.5 | ≥5.0 | ≥8.0 |
| | 62.5R | ≥32.0 | | ≥5.5 | |
| 普通硅酸盐水泥 | 42.5 | ≥17.0 | ≥42.5 | ≥3.5 | ≥6.5 |
| | 42.5R | ≥22.0 | | ≥4.0 | |
| | 52.5 | ≥23.0 | ≥52.5 | ≥4.0 | ≥7.0 |
| | 52.5R | ≥27.0 | | ≥5.0 | |
| 矿渣硅酸盐水泥<br>火山灰质硅酸盐水泥<br>粉煤灰硅酸盐水泥<br>复合硅酸盐水泥 | 32.5 | ≥10.0 | ≥32.5 | ≥2.5 | ≥5.5 |
| | 32.5R | ≥15.0 | | ≥3.5 | |
| | 42.5 | ≥15.0 | ≥42.5 | ≥3.5 | ≥6.5 |
| | 42.5R | ≥19.0 | | ≥4.0 | |
| | 52.5 | ≥21.0 | ≥52.5 | ≥4.0 | ≥7.0 |
| | 52.5R | ≥23.0 | | ≥4.5 | |

表 3-13　水泥化学指标　　　　　　　　　　　(%)

| 品种 | 代号 | 不溶物<br>质量分数 | 烧失量<br>质量分数 | 三氧化硫<br>质量分数 | 氧化镁<br>质量分数 | 氯离子<br>质量分数 |
|---|---|---|---|---|---|---|
| 硅酸盐水泥 | P·Ⅰ | ≤0.75 | ≤3.0 | ≤3.5 | ≤5.0ª | ≤0.06ᶜ |
| | P·Ⅱ | ≤1.50 | ≤3.5 | | | |
| 普通硅酸盐水泥 | P·O | — | ≤5.0 | | | |
| 矿渣硅酸盐<br>水泥 | P·S·A | — | — | ≤4.0 | ≤6.0ᵇ | |
| | P·S·B | — | — | | — | |
| 火山灰质硅酸盐水泥 | P·P | — | — | ≤3.5 | ≤6.0ᵇ | |
| 粉煤灰硅酸盐水泥 | P·F | — | — | | | |
| 复合硅酸盐水泥 | P·C | — | — | | | |

注:a 如果水泥压蒸试验合格,则水泥中氧化镁的含量(质量分数)允许放宽至6.0%。

　　b 如果水泥中氧化镁的含量(质量分数)大于6.0%,则需进行水泥压蒸安定性试验并合格。

　　c 当有更低要求时,该指标由买卖双方协商确定。

表3-14　混凝土外加剂质量检验项目和检验频率

| 检查项目 | 质量指标 | 检验方法 | 检验数量 |
|---|---|---|---|
| 固体含量 | GB 8076—2008 DL/T 5100—2014 | 现场取样 专项检测 | 掺量大于或等于1%的外加剂以100 t为一批,掺量小于1%的以50 t为一批,掺量小于0.01%的以1~2 t为一批,不足一个批号数量的,应视为一批进行检验 |
| 密度 | | | |
| 水泥净浆流动度 | | | |
| pH | | | |
| 泡沫性能 | | | |
| 氯离子含量 | | | |
| 硫酸钠含量 | | | |
| 总碱量 | | | |

表3-15　外加剂匀质性指标

| 项目 | 指标 |
|---|---|
| 水泥砂浆减水率 | 应不小于生产厂所提供标样检测值的95% |
| 氯离子含量 | 不超过生产厂控制值 |
| 总碱量 | 非碱性速凝剂应不大于1.0%; 其他外加剂应不超过生产厂控制值 |
| 含固量 $S$ | $S > 25\%$ 时,应控制在 $0.95S \sim 1.0S$; $S \leqslant 25\%$ 时,应控制在 $0.90S \sim 1.10S$ |
| 含水量 $W$ | 粉状速凝剂应不大于2.0%; 对于其他外加剂: $W > 5\%$ 时,应控制在 $0.90W \sim 1.10W$; $W \leqslant 5\%$ 时,应控制在 $0.80W \sim 1.20W$ |
| 密度 $D$ | $D > 1.1$ g/cm$^3$ 时,应控制在 $D \pm 0.03$ g/cm$^3$; $D \leqslant 1.1$ g/cm$^3$ 时,应控制在 $D \pm 0.02$ g/cm$^3$ |
| 细度 | 粉状速凝剂0.08 mm筛筛余率应小于15%; 其他外加剂应在生产厂控制范围内 |
| pH | 非碱性速凝剂应在2.0~7.0范围内; 其他外加剂应在生产厂控制值±1.0范围内 |
| 硫酸钠含量 | 不超过生产厂控制值 |
| 不溶物含量 | 不超过生产厂控制值 |

注:本表数据采用《水工混凝土外加剂技术规程》(DL/T 5100—2014)。表中的 $S$、$W$ 和 $D$ 分别为含固量、含水量和密度的生产厂控制值。

### 表 3-16　混凝土拌和用水质量检验项目和检验频率

| 检查项目 | 质量指标 | | 检验方法 | 检验数量 | 说明 |
|---|---|---|---|---|---|
| | 渠道、建筑物 | 预应力混凝土 | | | |
| pH | ≥4.5 | ≥5.0 | 现场取样、专项检测 | 一种水检测一次 | ①钢丝或热处理钢筋的预应力混凝土氯化物含量不得超过 350 mg/L |
| 不溶物（mg/L） | ≤2 000 | ≤2 000 | | | |
| 可溶物（mg/L） | ≤5 000 | ≤2 000 | | | |
| 氯离子（mg/L） | ≤1 000 | ≤500① | | | |
| 硫酸盐（mg/L） | ≤2 000 | ≤600 | | | |

### 表 3-17　钢筋质量检验项目和检验频率

| 名称 | 检查项目 | 质量指标 | 检验方法 | 检验数量 |
|---|---|---|---|---|
| 钢筋 | 拉伸 | GB1499.1—2008 GB1499.2—2007 | 现场取样 专项检测 | 任选两根钢筋截取 2 个拉伸试件、2 个弯曲试件（同一根钢筋上截取一个拉伸试件、一个弯曲试件） |
| | 弯曲 | | | |
| | 外形尺寸 | | | |

**注:** 钢筋应按批进行检验和验收,每批由同一牌号、同一批号、同一规格的钢筋组成。每批质量通常不大于 60 t。超过 60 t,每增加 40 t(或不足 40 t 的余数),增加一个拉伸试验试样和一个弯曲试验试样。

### 表 3-18　热轧光圆钢筋性能指标

| 牌号 | $R_{el}$（MPa） | $R_m$（MPa） | $A$（%） | $A_{gt}$（%） | 冷弯试验180° |
|---|---|---|---|---|---|
| HPB235 | ≥235 | ≥370 | ≥25 | ≥10 | 弯心直径 $d$ = 钢筋公称直径 $a$ |
| HPB300 | ≥300 | ≥420 | | | |

**注:** $R_{el}$—屈服强度;$R_m$—抗拉强度;$A$—断后延伸率;$A_{gt}$—最大力总伸长率。

### 表 3-19　热轧带肋钢筋力学性能指标

| 牌号 | $R_{el}$（MPa） | $R_m$（MPa） | $A$（%） | $A_{gt}$（%） |
|---|---|---|---|---|
| HRB335 HRBF335 | ≥335 | ≥455 | ≥17 | ≥7.5 |
| HRB400 HRBF400 | ≥400 | ≥540 | ≥16 | |
| HRB500 HRBF500 | ≥500 | ≥630 | ≥15 | |

**注:** 1. 直径 28~40 mm 各牌号钢筋的断后延伸率 $A$ 可降低1%;直径大于 40 mm 各牌号钢筋的断后延伸率 $A$ 可降低2%。

2. 有较高要求的抗震结构适用牌号为表中已有牌号后加 E 的钢筋(HRB400E)。该类钢筋除应满足以下要求外,其他要求与对应的已有牌号钢筋相同:①钢筋实测抗拉强度与实测屈服强度之比不小于 1.25。②钢筋实测屈服强度与表中规定的屈服强度特征值之比不大于 1.30。③钢筋的最大力总伸长率不小于 9%。

表 3-20　热轧带肋弯曲性能指标

| 牌号 | 公称直径 $d$(mm) | 弯心直径 |
|---|---|---|
| HRB335<br>HRBF335 | 6~25 | $3d$ |
| | 28~40 | $4d$ |
| | >40 | $5d$ |
| HRB400<br>HRBF400 | 6~25 | $4d$ |
| | 28~40 | $5d$ |
| | >40 | $6d$ |
| HRB500<br>HRBF500 | 6~25 | $6d$ |
| | 28~40 | $7d$ |
| | >40 | $8d$ |

表 3-21　建筑物闭孔泡沫塑料板性能指标和检验频率

| 检查项目 | 质量指标 | 检验方法 | 检验数量 |
|---|---|---|---|
| 压缩强度(压缩50%) | ≥0.5~0.6 MPa | 现场取样<br>专项检测 | 每 10 000 m², 按不同规格、厚度各测一组。不足一个检验批,按一个检验批取样 |
| 压缩强度(压缩10%) | ≥0.12 MPa | | |
| 压缩永久变形 | ≤2% | | |
| 抗拉强度 | ≥0.15 MPa | | |
| 撕裂强度 | ≥4.0 N/mm | | |
| 延伸率 | ≥100% | | |
| 密度 | (120±5) kg/m³ | | |
| 吸水率 | ≤4% | | |
| 弯曲强度 | ≥2.5 MPa | | |
| 弹性模量 | ≥1 MPa | | |

注:数据采用《绝热用挤塑聚苯乙烯泡沫塑料》(GB/T 10801.2—2002)。

表 3-22　橡胶止水带性能指标和检验频率

| 项目 | | 橡胶止水带 | 遇水膨胀线 | 检验方法 | 检验数量 |
|---|---|---|---|---|---|
| 硬度(邵尔 A 硬度) | | 60±5 | 45±5 | 现场取样<br>专项检测 | 按不同厂家、不同型号的验收批最少检测一次 |
| 拉伸强度(MPa) | | ≥15 | ≥3 | | |
| 扯断伸长率(%) | | ≥380 | ≥350 | | |
| 压缩永久变形 | 70 ℃ ×24 h,% | ≤35 | | | |
| | 23 ℃ ×168 h,% | ≤20 | | | |
| 撕裂强度(kN/m) | | ≥30 | | | |
| 脆性温度(℃) | | ≤ -45 | ≤ -40 | | |

续表 3-22

| 项目 | | 橡胶止水带 | 遇水膨胀线 | 检验方法 | 检验数量 |
|---|---|---|---|---|---|
| 臭氧老化（50 pphm,20%,48 h） | | 2 级 | | 现场取样专项检测 | 按不同厂家、不同型号的验收批最少检测一次 |
| 热空气老化70 ℃×168 h | 硬度变化（邵尔 A 硬度） | ≤ +8 | | | |
| | 拉伸强度（MPa） | ≥12 | | | |
| | 扯断伸长率（%） | ≥300 | | | |
| 低温弯折（-20 ℃×2 h） | | | 无裂纹 | | |
| 体积膨胀率（%） | | | ≥400 | | |
| 缓膨膜遇水溶解时间（h） | | | ≥168 | | |
| 反复浸水试验 | 拉伸强度（MPa） | | ≥2 | | |
| | 扯断伸长率（%） | | ≥300 | | |
| | 体积膨胀率（%） | | ≥300 | | |

表 3-23　铜止水

| 检查项目 | 质量指标 | 检验方法 | 检验数量 |
|---|---|---|---|
| 宽度、厚度 | 满足设计指标 | 现场取样专项检测 | 按验收批检测 |
| 抗拉强度（MPa） | ≥240 | | |
| 伸长率（%） | ≥30 | | |
| 冷弯 | 180°无裂缝<br>0~60°连续 50 次张闭无裂缝 | | |
| 容重（kN/m³） | 89 | | |

注：数据采用《水工混凝土施工规范》（DL/T 5144—2015）中的条文说明相关指标。

# 3.3　钢筋制作与安装

## 3.3.1　钢筋制作的一般要求

### 3.3.1.1　接头形式

钢筋接头的形式有绑扎、焊接和机械连接几种形式。其中,焊接接头包括闪光对焊、手工电弧焊、帮条焊、熔槽焊、窄间隙焊、气压焊、竖向钢筋接触电渣焊;机械连接接头包括带肋钢筋套筒冷挤压接头、锥螺纹接头、直螺纹接头。

### 3.3.1.2　焊条

《水工混凝土施工规范》（SL 677—2014）对焊条使用的规定:手工电弧焊用焊条,按设计规定采用。在设计未做规定时,可按表 3-24 选用。焊条应由专业厂家生产,并有出厂检验合格证,型号明确,使用时不得混淆。

《钢筋焊接及验收规程》(JGJ 18—2012)对焊条的使用规定见表 3-25。

**表 3-24　电弧焊接使用的焊条**

| 钢筋牌号 | 焊接形式 | | |
|---|---|---|---|
| | 搭接焊、帮条焊 | 熔槽焊 | 窄间隙焊 |
| HPB300 | E4303 | E4303 | E4316、E4315 |
| HRB335 | E4303 | E5003 | E5016、E5015 |
| HRB400 | E5003 | E5503 | E6016、E6015 |
| RRB400 | E5003 | E5503 | —— |

注:低氢型焊条在使用前应烘干。新拆包的低氢型焊条在一班时间内用完,否则应重新烘干。

**表 3-25　钢筋电弧焊所采用焊条、焊丝推荐表**

| 钢筋牌号 | 电弧焊接头形式 | | | |
|---|---|---|---|---|
| | 搭接焊、帮条焊 | 坡口焊、熔槽帮条焊、预埋件穿孔塞焊 | 窄间隙焊 | 钢筋与钢板搭接焊、预埋件 T 形角焊 |
| HPB300 | E4303<br>ER50 – X | E4303<br>ER50 – X | E4316<br>E4315<br>ER50 – X | E4303<br>ER50 – X |
| HRB335<br>HRBF335 | E4303<br>E5003<br>E5016<br>E5015<br>ER50 – X | E5003<br>E5016<br>E5015<br>ER50 – X | E5016<br>E5015<br>ER50 – X | E4303<br>E5003<br>E5016<br>E5015<br>ER50 – X |
| HRB400HRBF400 | E5003<br>E5516<br>E5515<br>ER50 – X | E5503<br>E5516<br>E5515<br>ER55 – X | E5516<br>E5515<br>ER55 – X | E5003<br>E5516<br>E5515<br>ER50 – X |
| HRB500<br>HRBF500 | E5503<br>E6003<br>E6016<br>E6015<br>ER55 – X | E6003<br>E6016<br>E6015 | E6016<br>E6015 | E5503<br>E6003<br>E6016<br>E6015<br>ER55 – X |
| RRB400W | E5003<br>E5516<br>E5515<br>ER50 – X | E5503<br>E5516<br>E5515<br>ER55 – X | E5516<br>E5515<br>ER55 – X | E5003<br>E5516<br>E5515<br>ER50 – X |

### 3.3.1.3　扎丝

根据《水工混凝土钢筋施工规范》（DL/T 5169—2013）第 6.2 款规定，钢筋绑扎选用铁丝规格：钢筋直径 12 mm 以下选用 22 号铁丝，钢筋直径 14～25 mm 选用 20 号铁丝，钢筋直径 28～40 mm 选用 18 号铁丝。

### 3.3.1.4　**接头形式的选择**

钢筋接头宜采用焊接接头或机械连接接头，当采用绑扎接头时应满足以下要求：

（1）受拉钢筋直径小于等于 22 mm，或受压钢筋直径小于等于 32 mm。

（2）其他钢筋直径小于等于 25 mm。当钢筋直径大于 25 mm，采用焊接和机械连接确实有困难时，也可采用绑扎搭接，但要从严控制。

（3）当设计有专门要求时钢筋按头应按设计要求进行。

（4）采用机械连接的钢筋接头的性能指标应达到 A 级（Ⅰ级）标准，经论证确认后，方可采用 B、C 级（Ⅱ、Ⅲ级）接头。A 级接头的抗拉强度达到或超过母材抗拉强度标准值，并具有高延性及反复拉压性能；B 级接头的抗拉强度达到或超过母材屈服强度标准值的 1.35 倍，并具有一定的延性及反复拉压性能；C 级接头仅能承受压力。

### 3.3.1.5　**钢筋除锈**

钢筋的表面应洁净，使用前应将表面油渍、漆污、锈皮、鳞锈等清除干净，但对钢筋表面的水锈和色锈可不做专门处理。在钢筋清污除锈过程中或除锈后，当发现钢筋表面有严重锈蚀、麻坑、斑点等现象时，应经鉴定后视损伤情况确定降级使用或剔除不用。

钢筋的除锈方法宜采用除锈机、风砂枪等机械除锈。当钢筋数量较少时，可采用人工除锈。除锈后的钢筋不宜长期存放，应尽快使用。

### 3.3.1.6　**钢筋调直**

钢筋应平直，无局部弯折，钢筋中心线同直线的偏差不应超过其全长的 1%。成盘的钢筋或弯曲的钢筋应调直后才允许使用。所调直的钢筋不得出现死弯，否则应剔除不用。钢筋调直后如发现钢筋有劈裂现象，应作为废品处理，并应鉴定该批钢筋质量。钢筋在调直机上调直后，其表面不得有明显的伤痕。

钢筋的调直宜采用机械调直和冷拉方法调直。对于少量粗钢筋，当不具备机械调直和冷拉调直条件时，可采用人工调直。如采用冷拉方法调直，则其调直冷拉伸长率不宜大于 1%。对于Ⅰ级钢筋，为了能在冷拉调直的同时除去锈皮，可适当加大冷拉率，但冷拉率不得大于 2%。

钢筋调直宜采用机械方法，也可采用冷拉方法。当采用冷拉方法调直钢筋时，HPB235 级钢筋的冷拉率不宜大于 4%，HRB335 级、HRB400 级和 RRB400 级钢筋的冷拉率不宜大于 1%。

## 3.3.2　钢筋的搭接绑扎

### 3.3.2.1　**钢筋最小搭接长度**

《水工混凝土施工规范》（SL 677—2014）规定钢筋采用绑扎搭接接头时，钢筋的接头搭接长度按受拉钢筋最小锚固长度控制（见表 3-26），还应根据搭接接头连接区段接头面积百分率进行修正，修正长度满足《水工混凝土结构设计规范》（SL 191—2008）要求。

表 3-26　钢筋绑扎接头最小搭接长度

| 钢筋类型 | 混凝土强度等级 | | | | | | | | | |
|---|---|---|---|---|---|---|---|---|---|---|
| | C15 | | C20 | | C25 | | C30、C35 | | ≥C40 | |
| | 受拉 | 受压 | 受拉 | 受压 | 受拉 | 受压 | 受拉 | 受压 | 受拉 | 受压 |
| Ⅰ级钢筋 | $50d$ | $35d$ | $40d$ | $25d$ | $30d$ | $20d$ | $25d$ | $20d$ | $25d$ | $20d$ |
| Ⅱ级钢筋 | $60d$ | $45d$ | $50d$ | $35d$ | $40d$ | $30d$ | $40d$ | $25d$ | $30d$ | $20d$ |
| Ⅲ级钢筋 | — | — | $55d$ | $40d$ | $50d$ | $35d$ | $40d$ | $30d$ | $35d$ | $25d$ |
| 冷轧带肋钢筋 | — | — | $50d$ | $35d$ | $40d$ | $30d$ | $35d$ | $2d$ | $30d$ | $20d$ |

注:1. 月牙纹钢筋直径 $d > 25$ mm 时,最小搭接长度应按表中的数值增加 $5d$。

　　2. 表中Ⅰ级光圆钢筋的最小锚固长度不包括端部弯钩长度。当受压钢筋为Ⅰ级光圆钢筋,末端又无弯钩时,其搭接长度不应小于 $30d$。

　　3. 如在施工中分不清受压区或受拉区,搭接长度按受拉区处理。

#### 3.3.2.2　弯钩

受拉区域内的光圆钢筋绑扎接头的末端应做弯钩,螺纹钢筋的绑扎接头末端可不做弯钩。

### 3.3.3　双面、单面搭接焊

#### 3.3.3.1　钢筋焊接工艺试验

在工程开工正式焊接之前,参与该项施焊的焊工应进行现场条件下的焊接工艺试验,并经试验合格后,方可正式生产。试验结果应符合质量检验与验收时的要求。

钢筋焊接施工之前,应清除钢筋、钢板焊接部位以及钢筋与电极接触处表面上的锈斑、油污、杂物等;钢筋端部有弯折、扭曲时,应予以矫直或切除。

带肋钢筋进行闪光对焊、电弧焊、电渣压力焊和气压焊时,宜将纵肋对纵肋安放和焊接。

#### 3.3.3.2　钢筋焊接对环境条件的要求

《钢筋焊接及验收规程》(JGJ 18—2012)对钢筋焊接的环境条件有以下要求:

在环境温度低于 −5 ℃ 条件下施焊时,焊接工艺应符合下列要求:①闪光对焊时,宜采用预热闪光焊或闪光—预热闪光焊,可增加调伸长度,采用较低变压器级数,增加预热次数和间歇时间。②电弧焊时,宜增大焊接电流,降低焊接速度。电弧帮条焊或搭接焊时,第一层焊缝应从中间引弧,向两端施焊,以后各层控温施焊,层间温度控制在 150 ~ 350 ℃。多层施焊时,可采用回火焊道施焊。③当环境温度低于 −20 ℃ 时,不宜进行各种焊接。

雨天、雪天不宜在现场进行施焊;必须施焊时,应采取有效遮蔽措施。焊后未冷却接头不得碰到冰雪。

在现场进行闪光对焊或电弧焊,当风速超过 8 m/s 时,应采取挡风措施。进行气压焊,当风速超过 5 m/s 时,应采取挡风措施。

进行电阻点焊、闪光对焊、电渣压力焊、埋弧压力焊时,应随时观察电源电压的波动情况,当电源电压下降大于5%小于8%时,应采取提高焊接变压器级数的措施;当大于或等于8%时,不得进行焊接。

### 3.3.3.3　双面、单面焊技术要求

搭接焊时宜采用双面焊,不能进行双面焊时方可采用单面焊。焊缝长度符合表3-27。焊缝高度和宽度见图3-1($d$为钢筋直径)。

表 3-27　钢筋焊缝长度

| 钢筋级别 | 焊缝类型 | 焊缝长度 |
| --- | --- | --- |
| HPB235 | 单面焊 | $8d$ |
| | 双面焊 | $4d$ |
| HRB335、HRB400 RRB400 | 单面焊 | $10d$ |
| | 双面焊 | $5d$ |

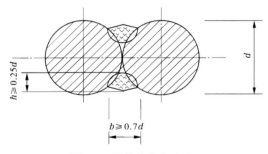

图 3-1　焊缝高度和宽度

《水工混凝土施工规范》(SL 677—2014)规定,对于搭接焊,其焊缝高度 $s$ 应为被焊接钢筋直径的25%,且不小于4 mm。焊缝的宽度 $b$ 应为被焊接钢筋直径的70%,且不小于10 mm;当钢筋和钢板焊接时,焊缝高度应为被焊接钢筋直径的35%,且不小于6 mm。焊缝的宽度应为被焊接钢筋直径的50%,且不小于8 mm。

《钢筋焊接及验收规程》(JGJ 18—2012)规定,帮条焊接头或搭接焊接头的焊缝厚度 $s$ 不应小于主筋直径的30%;焊缝宽度 $b$ 不应小于主筋直径的80%。帮条焊或搭接焊时,钢筋的装配和焊接应符合下列要求:

(1)帮条焊时,两主筋端面的间隙应为2~5 mm。

(2)搭接焊时,焊接端钢筋应预弯,并应使两钢筋的轴线在同一直线上。

(3)帮条焊时,帮条与主筋之间应用四点定位焊固定;搭接焊时,应用两点固定;定位焊缝与帮条端部或搭接端部的距离宜大于或等于20 mm。

(4)焊接时,应在帮条焊或搭接焊形成焊缝中引弧;在端头收弧前应填满弧坑,并应使主焊缝与定位焊缝的始端和终端熔合。

### 3.3.3.4　搭接焊允许偏差

《水工混凝土施工规范》(SL 677—2014)对搭接、帮条焊接头的允许偏差及缺陷见表3-28。

表 3-28　搭接、帮条焊接头的允许偏差及缺陷

| 项次 | 偏差名称 | | 允许偏差及缺陷 |
| --- | --- | --- | --- |
| 1 | 帮条对焊接头中心的纵向偏移(mm) | | 0.5$d$ |
| 2 | 接头处钢筋轴线的曲折(°) | | ≤4 |
| 3 | 焊缝高度(mm) | | −0.05$d$ |
| 4 | 焊缝长度(mm) | | −0.50$d$ |
| 5 | 咬边深度(mm) | | 0.05$d$ 且 <1 |
| 6 | 焊缝表面上的气孔和夹渣 | 在 2$d$ 长度上的数量(个) | ≤2 |
| | | 气孔夹渣直径(mm) | ≤3 |

注:1. $d$ 为被焊钢筋的直径;

　　2. 表中的允许偏差值在同一项目中有 2 个数值时,按其中较严数值控制。

### 3.3.3.5　双面、单面焊质量检验

1. 取样数量

《钢筋焊接及验收规程》(JGJ 18—2012)规定电弧焊接头的质量检验应分批进行外观检查和力学性能检验,并应按下列规定作为一个检验批:

在现浇混凝土结构中,应以 300 个同牌号钢筋、同形式接头作为一批;每批随机切取 3 个接头,做拉伸试验。在同一批中若有几种不同直径的钢筋焊接接头,应在最大直径钢筋接头中切取 3 个试件。

2. 质量检验要求

钢筋闪光对焊接头、电弧焊接头、电渣压力焊接头、气压焊接头拉伸试验结果均应符合下列要求:

(1)3 个热轧钢筋接头试件的抗拉强度均不得小于该牌号钢筋规定的抗拉强度,RRB400 钢筋接头试件的抗拉强度均不得小于 570 N/mm²。

(2)至少应有 2 个试件断于焊缝之外,并应呈延性断裂。当达到上述 2 项要求时,应评定该批接头为抗拉强度合格。

(3)当试验结果有 2 个试件抗拉强度小于钢筋规定的抗拉强度;或 3 个试件均在焊缝或热影响区发生脆性断裂时,则一次判定该批接头为不合格品。

(4)当试验结果有 1 个试件的抗拉强度小于规定值,或 2 个试件在焊缝或热影响区发生脆性断裂,其抗拉强度均小于钢筋规定抗拉强度的 1.10 倍时,应进行复验。

(5)复验时,应再切取 6 个试作。当仍有 1 个试件的抗拉强度小于规定值,或有 3 个试件断于焊缝或热影响区呈脆性断裂,其抗拉强度小于钢筋规定抗拉强度的 1.10 倍时,应判定该批接头为不合格品。

(6)当接头试件虽断于焊缝或热影响区,呈脆性断裂,但其抗拉强度大于或等于钢筋规定抗拉强度的 1.10 倍时,可按断于焊缝或热影响区之外(称延性断裂)同等对待。

## 3.3.4　闪光对焊

### 3.3.4.1　钢筋闪光对焊工艺试验

1. 闪光对焊工艺焊试件数量

《水工混凝土钢筋施工规范》(DL/T 5169—2013)规定闪光对焊工艺试验和试件数量为：

采用不同直径的钢筋进行闪光对焊时，直径相差以一级为宜，且不大于 4 mm。采用闪光对焊时，钢筋端头如有弯曲，应予以矫直或切除。

对不同类别、不同直径的钢筋，在施焊前均应按实际焊接条件试焊 2 个冷弯试件及 2 个拉伸试件，根据对试件接头外观质量检验结果，以及冷弯和拉伸试验验证焊接参数，在试件质量合格和焊接参数选定后，可成批焊接。

2. 闪光对焊工艺方法选择

《钢筋焊接及验收规程》(JGJ 18—2012)规定，钢筋的对接焊接采用闪光对焊时其焊接工艺方法按下列规定选择：

(1)当钢筋直径较小、钢筋牌号较低，在表 3-29 的规定范围内，可采用连续闪光焊。连续闪光焊所能焊接的钢筋上限直径，应根据焊机容量、钢筋牌号等具体情况而定。

(2)当超过表 3-29 中规定，且钢筋端面较平整，宜采用预热闪光焊。

(3)当超过表 3-29 中规定，且钢筋端面不平整，应采用闪光—预热闪光焊。

(4)采用 UN2-150 型对焊机或 UN17-150-1 型对焊机进行大直径钢筋焊接时，宜首先采取锯割或气割方式对钢筋端面进行平整处理，然后采取预热闪光焊工艺。

表 3-29　连续闪光焊钢筋上限直径

| 焊机容量(kVA) | 钢筋牌号 | 钢筋直径(mm) |
|---|---|---|
| 160<br>(150) | HRB235 | 20 |
|  | HRB335 | 22 |
|  | HRB400 | 20 |
|  | RRB400 | 20 |
| 100 | HRB235 | 20 |
|  | HRB335 | 20 |
|  | HRB400 | 18 |
|  | RRB400 | 18 |
| 80<br>(75) | HRB235 | 16 |
|  | HRB335 | 16 |
|  | HRB400 | 12 |
|  | RRB400 | 12 |

3. 闪光对焊工艺参数

《钢筋焊接及验收规程》(JGJ 18—2012)闪光对焊工艺参数包括：

闪光对焊时,应选择合适的调伸长度、烧化留量、顶锻留量以及变压器级数等焊接参数。

连续闪光焊时的留量应包括烧化留量。其又有电顶锻留量和无电顶锻留量之分。

闪光—预热闪光焊时的留量应包括一次烧化留量、预热留量、二次烧化留量。其又有电顶锻留量和无电顶锻留量之分。

变压器级数应根据钢筋牌号、直径、焊机容量以及焊接工艺方法等具体情况选择。

### 3.3.4.2　钢筋闪光对焊质量检验

1. 外观质量检验

闪光对焊的全部接头均应进行外观质量检查并符合以下要求:钢筋表面没有裂纹和明显的烧伤;接头如有弯折,其角度不得大于 4°;接头轴线如有偏心,其偏移不得大于钢筋直径的 10% ,并不得大于 2 mm。

外观质量不合格的接头,应剔出重焊。

2. 取样数量

闪光对焊接头的质量检验应分批进行外观检查和力学性能检验,并应按下列规定作为一个检验批:在同一台班内,由同一焊工完成的 300 个同牌号、同直径钢筋焊接接头应作为一批。当同一台班内焊接的接头数量较少,可在一周之内累计计算;累计仍不足 300 个接头时,应按一批计算。

力学性能检验时,应从每批接头中随机切取 6 个接头,其中 3 个做拉伸试验、3 个做弯曲试验。

3. 拉伸试验

钢筋闪光对焊接头拉伸试验合格标准、一次性判定不合格标准、复检合格标准与钢筋双面焊拉伸试验标准相同,见前文。

4. 弯曲试验

闪光对焊接头、气压焊接头进行弯曲试验时,应将受压面的全面毛刺和凸起部分消除,且应与钢筋的外表齐平。焊缝应处于弯曲中心点,弯心直径和弯曲角应符合表 3-30 的规定。

表 3-30　闪光对焊接头弯曲试验指标

| 钢筋牌号 | 弯心直径 | 弯曲角(°) |
|---|---|---|
| HPB235 | $2d$ | 90 |
| HRB335 | $4d$ | 90 |
| HRB400、RRB400 | $5d$ | 90 |
| HRB500 | $7d$ | 90 |

注:1. $d$ 为钢筋直径;

　　2. 直径大于 25 mm 的闪光对焊钢筋接头,弯心直径应增加 1 倍钢筋直径。

若试验结果为弯至 90°时有 2 个或 3 个试件外侧(含焊缝和热影响区)未发生破裂,应评定该批接头弯曲试验合格。

若 3 个试件均发生破裂,则一次判定该批接头为不合格品。

若有 2 个试件试样发生破裂,则应进行复验。复验时,应再切取 6 个试样。复验结果为当有 3 个试件发生破裂时,应判定该接头为不合格品。

当试件外侧横向裂纹宽度达到 0.5 mm 时,应认定已经破裂。

### 3.3.5 钢筋加工

#### 3.3.5.1 受力钢筋的弯钩和弯折

钢筋的端头加工应符合下列规定:

(1)光圆钢筋的端头应符合设计要求,当设计未做规定时,所有受拉光圆钢筋的末端应做 180°的半圆弯钩,弯钩的内直径不得小于 2.5d。当手工弯钩时,可带 3d 的平直部分(见图 3-2)。

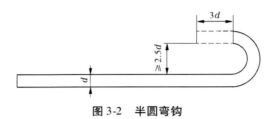

**图 3-2　半圆弯钩**

(2)Ⅱ级及其以上钢筋的端头,当设计要求弯转 90°时,其最小弯转内直径应满足下列要求:钢筋直径小于 16 mm 时,最小弯转内直径为 5d;钢筋直径大于等于 16 mm 时,最小弯转内直径为 7d(见图 3-3)。

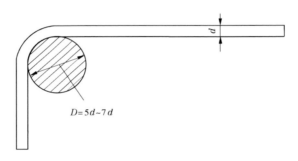

**图 3-3　Ⅱ级钢筋弯转 90°示意图**

(3)弯起钢筋处的圆弧内半径宜大于 12.5d(见图 3-4)。

(4)箍筋的加工应按设计要求的形式进行,当设计没有具体要求时,可使用光圆钢筋制成的箍筋,其末端应有弯钩,如图 3-5 所示的形状,以便安装。对大型梁柱,当箍筋直径≤10 mm、受力钢筋直径≤25 mm 时,箍筋弯钩末端平直段长度 75 mm;受力钢筋直径≥28 mm 时,箍筋弯钩末端平直段长度 90 mm。箍筋直径≥12 mm,受力钢筋直径≤25 mm 时,箍筋弯钩末端平直段长度 90 mm;受力钢筋直径≥28 mm 时,箍筋弯钩末端平直段长度 105 mm。

采用小直径Ⅱ级钢筋制作箍筋时,其末端应有 90°弯头,箍筋弯后平直部分长度不宜小于 3 倍主筋的直径。

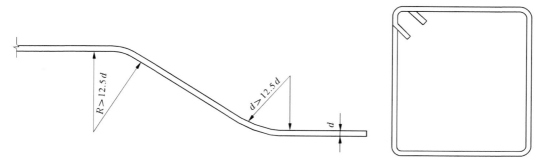

图 3-4　弯起处的圆弧内半径　　　　　图 3-5　光圆钢筋制成的箍筋

#### 3.3.5.2　钢筋加工的允许偏差

钢筋的加工应按照钢筋下料表要求的形式尺寸进行。加工后的允许偏差不得超过《水工混凝土施工规范》（SL 677—2014）规定的数值,见表 3-31。

表 3-31　钢筋加工的允许偏差

| 项次 | 偏差名称 | | 允许偏差值 |
|---|---|---|---|
| 1 | 受力钢筋及锚筋全长净尺寸的偏差 | | ±10 mm |
| 2 | 箍筋各部分长度的偏差 | | ±5 mm |
| 3 | 钢筋弯起点位置的偏差 | 厂房构建 | ±20 mm |
| | | 大体积混凝土 | ±30 mm |
| 4 | 钢筋转角的偏差 | | ±3° |
| 5 | 圆弧钢筋径向偏差 | 大体积 | ±25 mm |
| | | 薄壁结构 | ±10 mm |

#### 3.3.5.3　成品钢筋的存放

经检验合格的成品钢筋应尽快运往工地安装使用,不宜长期存放。冷拉调直的钢筋和已除锈的钢筋须注意防锈。

成品钢筋的存放须按使用工程部位、名称、编号、加工时间挂牌存放,不同号的钢筋成品不宜堆放在一起,防止混号和造成成品钢筋变形。

成品钢筋的存放应按当地气候情况采取有效的防锈措施,若存放过程中发生成品钢筋变形或锈蚀,应矫正除锈后重新鉴定确定处理办法。

锥(直)螺纹连接的钢筋端部螺纹保护帽在存放及运输装卸过程中不得取下。

### 3.3.6　钢筋网的安装

#### 3.3.6.1　钢筋接头距弯起点的要求

依据《水工混凝土施工规范》（SL 677—2014）,钢筋焊接与绑扎接头末端至钢筋弯起点的距离不应小于钢筋直径的 10 倍,也不应位于最大弯矩处。

#### 3.3.6.2　钢筋接头的分布

1. 机械连接接头或焊接接头的分布

《混凝土结构工程施工质量验收规范》(GB 50204—2015),当受力钢筋采用机械连接接头或焊接接头时,设置在同一构件内的接头宜相互错开。纵向受力钢筋机械连接接头及焊接接头连接区段的长度为 35$d$( $d$ 为纵向受力钢筋的较大直径)且不小于 500 mm,凡接头中点位于该连接区段长度内的接头均属于同一连接区段。同一连接区段内,纵向受力钢筋机械连接及焊接的接头面积百分率为该区段内有接头的纵向受力钢筋截面面积与全部纵向受力钢筋截面面积的比值。

同一连接区段内,纵向受力钢筋的接头面积百分数应符合设计要求;当设计无具体要求时,应符合下列规定:

(1)在受拉区不宜大于 50%,受压接头可不受限制。

(2)直接承受动力荷载的结构构件中,不宜采用焊接接头;当采用机械连接接头时,不应大于 50%。

2. 绑扎搭接接头的分布

依据《混凝土结构工程施工质量验收规范》(GB 50204—2015),同一构件中相邻纵向受力钢筋的绑扎搭接接头宜相互错开。绑扎搭接接头中钢筋的横向净距不应小于钢筋直径,且不应小于 25 mm。

钢筋绑扎搭接接头连接区段的长度为 1.3$L$( $L$ 为搭接长度),凡搭接头中点位于该连接区段长度内的搭接接头均属于同一连接区段。同一连接区段内,纵向钢筋搭接接头面积百分数为该区段内有搭接接头的纵向受力钢筋截面面积与全部纵向受力钢筋截面面积的比值。

同一连接区段内,纵向受拉钢筋搭接接头面积百分数应符合设计要求;当设计无具体要求时,应符合下列规定:

(1)对梁类、板类及墙类构件,不宜大于 25%;对于基础筏板,不宜超过 50%。

(2)对柱类构件,不宜大于 50%。

(3)当工程中确有必要增大接头面积百分数时,对于梁类构件,不应大于 50%。

#### 3.3.6.3　钢筋网的绑扎

依据《水工混凝土施工规范》(SL 677—2014),钢筋的绑扎应符合如下要求:

(1)现场焊接或绑扎的钢筋网,其钢筋交叉点的连接按 50% 的间隔绑扎,但钢筋直径小于 25 mm 时,楼板和墙体的外围层钢筋网交叉点应逐点绑扎。设计有规定时应按设计规定进行。

(2)板内双向受力钢筋网,应将钢筋全部交叉点绑扎。梁与柱的钢筋,其主筋与箍筋的交叉点在拐角处应全部绑扎,其中间部分可间隔绑扎。

(3)钢筋安装中交叉点的绑扎,对于 Ⅰ、Ⅱ 级直径大于等于 16 mm 的钢筋,在不损伤钢筋截面的情况下,可采用手工电弧焊来代替绑扎,但应采用细焊条、小电流进行焊接,焊后钢筋不应有明显的咬边出现。

(4)柱中箍筋的弯钩应设置在柱角处,且须按垂直方向交错布置。除特殊情况外,所有箍筋应与主筋垂直。若箍筋端头加工成弯钩,则安装好的箍筋应将弯钩处点焊牢固。

### 3.3.6.4　钢筋工序验收

钢筋安装时,受力钢筋的品种、级别、规格和数量必须符合设计要求,应进行全数检查,并填写钢筋安装检验记录(见表 3-32)。

**表 3-32　钢筋安装检验记录表**

（编号：　　　　　　　　）

施工单位：　　　　　　　　　　　　　　　　　　　　合同编号：

| 单位工程 | | 单元工程 | | 施工日期 | |
|---|---|---|---|---|---|
| 分部工程 | | 施工部位 | | 检验日期 | |

| 检查项目 | | | 检查记录 | | | | | | | | |
|---|---|---|---|---|---|---|---|---|---|---|---|
| 钢筋制作安装 | | 钢筋编号 | | | | | | | | | |
| | | 直径 | | | | | | | | | |
| | | 长度 | | | | | | | | | |
| | | 根数 | | | | | | | | | |
| | 单根钢筋 | 接头数量 | | | | | | | | | |
| | | 焊接方法 | | | | | | | | | |
| | 钢筋笼安装 | 接头总数 | | | | | | | | | |
| | | 连接区段接头(%) | | | | | | | | | |
| | | 焊接抽检 | | | | | | | | | |

| 质检员日期 | | 施工负责人日期 | | 现场监理日期 | |
|---|---|---|---|---|---|

# 第4章　施工过程质量控制要点

## 4.1　土方回填

### 4.1.1　回填土最大干密度

回填土的最大干密度是一项重要的物理力学性能指标。通过击实试验合理选取最大干密度作为回填土的击实标准,对堤防工程、渠道土方回填、建筑物土方回填质量控制至关重要。为加强土方回填质量控制,规范土方回填质量管理行为,根据《水利水电工程天然建筑材料勘察规程》(SL 251—2015),并结合工程实践,对回填土最大干密度确定方法进行了初步探讨,供实践参考。

#### 4.1.1.1　土料场分类

根据《水利水电工程天然建筑材料勘察规程》(SL 251—2015)土料场分类办法,一般按照地质、地形条件将料场分为以下三类:

(1)Ⅰ类料场:地形完整、平缓,料层岩性单一、厚度变化小,设有无用层或有害夹层。

(2)Ⅱ类料场:地形较完整、有起伏,料层岩性较复杂、相变较大、厚度变化较大,无用层或有害夹层较少。

(3)Ⅲ类料场:地形不完整、起伏大,料层岩性复杂、相变大、厚度变化大,无用层或有害夹层较多。

#### 4.1.1.2　料场选择原则

(1)考虑环境保护、经济合理、保证质量等因素,宜由近至远、先集中后分散;

(2)应充分利用工程开挖料;

(3)应不影响建筑物布置和安全,避免或减少与工程施工相干扰;

(4)不占或少占耕地、林地,确需占用时宜保留耕作层腐殖土。

#### 4.1.1.3　料场规划

料场开挖前,应首先进行料场开采规划;料场规划应根据料场土壤特性,以分区规划、分区开采、分区填筑为基本原则;根据土料性质,确定开采方式;单一土层较厚立面开采时,以不明显跨越土壤特性分界线为准。

#### 4.1.1.4　料场勘探方法、取样数量

依据《水利水电工程天然建筑材料勘察规程》(SL 251—2015),料场采用坑槽勘探方法。Ⅰ类料场勘探剖面间距200~300 m、Ⅱ类料场勘探剖面100~200 m、Ⅲ类料场勘探剖面不大于100 m。每条剖面不少于3个探坑或探孔。以10万 $m^3$ 为单位,取样数量不少于6组。

#### 4.1.1.5　土料取样方法

勘探点所揭露土层均应分层取样。单层厚度较大时,每 1 ~ 3 m 取 1 组。料层较薄时,可混合取样。

#### 4.1.1.6　最大干密度取值

依据《水利水电工程天然建筑材料勘察规程》(SL 251—2015),料场勘探各项试验成果可计算平均值;当试验值离散性较大时,应计算加权平均值。

对于击实标准试验最大干密度,应剔除异常大值和异常小值,采用算数平均值作为标准值。设计有特殊要求的采用设计值。

### 4.1.2　回填质量控制

土方回填质量控制除严格按照相关施工技术规范、试验规程、设计要求进行过程控制、检测、试验外,还应加强以下控制:

(1)土料来源控制:土方回填每一填筑层,应注明填筑作业面的桩号范围、填筑高程、土料来源,以期与所使用料场的土料最大干密度相对应来控制回填土的压实度。工程实践中,使用表 4-1 对土方回填过程进行记录,对质量控制、资料整理很有帮助,供借鉴参考。

表 4-1　土方填筑检验记录

| 作业区段 | | | | | | | |
|---|---|---|---|---|---|---|---|
| 层次 | 土料来源 | 高程范围 | 取样日期 | 自检 | | 抽检 | |
| | | | | 数量 | 质检员签名 | 数量 | 监理签名 |
| | | | | | | | |
| | | | | | | | |
| | | | | | | | |
| | | | | | | | |
| | | | | | | | |
| | | | | | | | |

(2)铺土厚度控制:土方填筑必须严格按照碾压试验方案确定的铺土厚度填筑,严格控制碾压变数和行走速度。工程实践中,由于铺土厚度控制不严格导致填筑层结合面松软,造成返工的案例不乏其数,教训深刻。

(3)超填边线控制:施工规范要求填筑边线超出设计边线 10 ~ 30 cm,实际施工过程中仅以此来控制填筑边线是不足以满足回填削坡要求的,应按照填筑层厚度、设计边坡、机械碾压超宽等因素计算超填边线;由于铺土边线控制方法不恰当,造成削坡后边坡回填质量不满足要求需进行贴坡回填处理,不仅增加了施工成本延误工期,而且给工程运行安全埋下了隐患,这类案例在工程实践中也屡见不鲜。

（4）控制各作业区段、挖填搭接面坡比：严格按照设计要求或相关施工规范规定进行控制。

（5）建筑物周边质量控制：大型施工机械无法碾压到的部位，采用小型机械、辅助人工作业进行压实，应加强对该部位的质量控制和试验检测。

（6）填筑层结合面处理：对填筑层结合面在上土前要刨毛、洒水湿润，采用进站法铺土避免扰动下部已碾压合格的填筑土层。

### 4.1.3　碎石土回填质量控制

为消除或减少建筑物周边土方回填沉降量，采用碎石土回填是较为常用的一种回填措施。碎石土回填干密度与所用碎石表观密度、回填土料最大干密度、碎石掺量关系密切。同时，碎石土干密度检验时受碎石逊径含量的影响，对碎石土干密度的检验结果也造成一定的影响。为了说明碎石土回填质量控制，引入了《碎石土回填施工质量控制指标分析》一文，发表在《中国水利》2010 年第 16 期，该文作者参与了本书编辑。

文章在分析碎石土干密度、碎石掺量比及碎石土中土体干密度相互关系的基础上，提出了碎石土回填施工质量的评价方法和控制指标，并推荐使用碎石土中土体干密度（压实度）这一指标评定其回填质量，供类似工程参考。

1　基本情况

南水北调中线一期工程河南安阳段是中线工程总干渠第Ⅳ渠段（黄河北至漳河南段）的组成部分，处于总干渠第Ⅳ渠段的最北部。南起汤阴羑里河倒虹吸出口、北接总干渠第Ⅴ渠段穿漳河倒虹吸起点，全长 40.262 km。该段总干渠设计流量 235～245 m³/s、加大流量 265～280 m³/s，设计水深 7.0 m。渠道纵比降 1/28 000，横断面采用梯形明渠，渠道内边坡坡比 1:2～1:3，渠底宽 12.0～18.5 m，大部分渠道为半填半挖，局部最大挖深 25.0 m。主要工程量合计 2 621 万 m³，其中土石方开挖 1 793 万 m³、土方回填 729 万 m³、混凝土和钢筋混凝土 50 万 m³、砌石 31 万 m³、砂石垫层 18 万 m³，钢筋制安 2 万 t。工程静态总投资 19.2 亿元。

该段沿渠共布置各类交叉建筑物 75 座，其中河渠交叉 3 座、左岸排水 16 座、渠渠交叉 9 座、公路交叉 43 座、铁路交叉 1 座、分水口门 1 座、节制闸 1 座、退水闸 1 座。沿途左排、渠渠交叉建筑物共计 25 座，按照设计要求该类建筑物顶部高程以下基坑采用碎石土回填。

2　碎石土回填的技术要求

2.1　设计要求

根据设计要求，碎石土回填之前建筑物外侧涂抹 20～30 mm 厚的黏土泥浆，随涂随填，保证回填碎石土与建筑物结合紧密。

管身两侧、管顶以下基坑范围内回填低压缩性土。在压缩系数 $a_{1-2} < 0.1$ MPa$^{-1}$ 的中、重粉质壤土中，按 30%～35% 的质量比掺入碎石拌和均匀，碎石土压实度要求大于 100%。

2.2　相关技术规范要求

《南水北调中线一期工程渠道工程施工质量评定验收标准（试行）》（NSBD 7—2007）

关于土方填筑单元工程填料压实质量标准,试样检测点合格率≥95%,最小值不小于设计值的98%。

碎石土回填压实质量标准参照执行该项规定。

### 2.3　碎石土回填施工

按照设计要求,确定碎石掺量比,并进行室内碎石土击实试验。

依据试验确定的碎石掺量比,集中拌制碎石土,运至施工现场后用挖掘机摊铺。松铺厚度 30~35 cm,用 20 t 凸块振动碾碾压 8~10 遍,直至检验合格。建筑物两侧分层均衡上升,在机械无法碾压到的边角部位采用人工夯实。

碎石土填筑质量采用灌水或灌砂法检测。

### 3　碎石土压实度与回填质量的关系

由于建筑物基坑碎石土回填所用的碎石尤其是回填土存在差异,仅以流寺沟左排碎石土回填为例来分析施工质量控制指标,以供其他建筑物和类似工程参考。

### 3.1　碎石土回填材料技术参数

流寺沟左排碎石土回填使用 20~40 mm 粒径的碎石,表观密度 $\rho_g$ 为 2.73 g/cm³。回填土轻型击实最大干密度 $\rho_{sk}$ 为 1.76 g/cm³。碎石土配合比碎石重占干土重的 30%,重型击实最大干密度 $\rho$ 为 1.98 g/cm³,相应土体重型击实最大干密度 $\rho_{sz}$ 为 1.83 g/cm³。

### 3.2　碎石土干密度与碎石掺量比的关系

碎石土是碎石与土均匀拌和碾压成型后的一种建筑材料,碎石被土体包裹,结合紧密。单位体积的碎石土质量 $\rho$ 与其所含的土体质量 $m_s$、土体密度 $\rho_s$、碎石表观密度 $\rho_g$、碎石质量 $m_g$ 及碎石掺量比 $\alpha$ 存在以下关系:

$$\frac{m_s}{\rho_s} + \frac{m_g}{\rho_g} = m_s \left( \frac{1}{\rho_s} + \frac{\alpha}{\rho_g} \right) = 1 \tag{4-1}$$

$$\rho = m_s + m_g = m_s (1 + \alpha) \tag{4-2}$$

以碎石表观密度 $\rho_g$ 为 2.73 g/cm³,土体干密度 $\rho_s$ 取重型击实土体最大干密度 1.83 g/cm³,按式(4-1)、式(4-2)计算不同碎石掺量比的碎石土最大干密度,结果见表 4-2。在土体干密度不变的情况下,碎石土的干密度随碎石掺量的增加而增大。同理,在碎石土干密度不变的情况下,由式(4-1)、式(4-2)可以分析得出其土体干密度随碎石掺量的增大而减小。由此可见,在评价碎石土的回填质量时碎石土压实度不是唯一的评价指标,应综合考虑碎石掺量这一影响因素。

**表 4-2　碎石土干密度与碎石掺量比的对应关系**

| 碎石掺量比 α(%) | 20 | 25 | 30 | 35 | 40 | 45 |
|---|---|---|---|---|---|---|
| 土体质量 $m_s$(g) | 1.613 7 | 1.567 3 | 1.523 6 | 1.482 2 | 1.443 1 | 1.405 9 |
| 碎石质量 $m_g$(g) | 0.322 7 | 0.391 8 | 0.457 1 | 0.518 8 | 0.577 2 | 0.632 7 |
| 碎石土 $\rho$(g/cm³) | 1.94 | 1.96 | 1.98 | 2.00 | 2.02 | 2.04 |

### 3.3　碎石土压实度及碎石掺量控制指标

碎石土中碎石被土体包裹,一般认为碎石不具有可压缩性,碎石土的回填质量取决于其中的土体压实度。在此,把碎石土中土体的干密度与其重型击实最大干密度比值(重型压实度)不小于95%、土体干密度与其轻型击实最大干密度比值(轻型压实度)不小于100%作为碎石土回填碾压合格的判别标准。

把碎石掺量为30%时的重型击实最大干密度 $\rho$ 为 1.98 g/cm$^3$ 作为判别基准值,由式(4-2)计算不同碎石掺量比时单位体积碎石土中的土体质量。

根据碎石的表观密度 $\rho_g$ 为 2.73 g/cm$^3$,由式(4-1)计算不同碎石含掺量比时碎石土中土体的干密度,并由此计算相应的重型压实度和轻型压实度,结果见表4-3。

**表4-3　碎石土压实度符合基准值时的碎石掺量控制指标**

| 碎石掺量比 $\alpha$(%) | 25 | 30 | 35 | 40 | 45 | 50 |
|---|---|---|---|---|---|---|
| 土体质量 $m_s$(g) | 1.584 0 | 1.523 1 | 1.466 7 | 1.414 3 | 1.365 5 | 1.320 0 |
| 土体体积 $V_s$(cm$^3$) | 0.854 9 | 0.832 6 | 0.812 0 | 0.792 8 | 0.774 9 | 0.758 2 |
| 土体密度 $\rho_s$(g/cm$^3$) | 1.85 | 1.83 | 1.81 | 1.78 | 1.76 | 1.74 |
| 重型压实度(%) | 101 | 100 | 99 | 97 | 96 | 95 |
| 轻型压实度(%) | 105 | 104 | 103 | 101 | 100 | 99 |

依据碎石土回填碾压合格判别标准,当碎石土干密度不小于击实标准,碎石掺量比小于45%时,其土体的重型压实度不小于95%、轻型压实度不小于100%。因此,在碎石土压实度合格的情况下,应以碎石掺量比小于45%作为碎石土碾压检验合格的控制指标。

### 3.4　最小碎石土压实度及碎石掺量比控制指标

参照《南水北调中线一期工程渠道工程施工质量评定验收标准(试行)》(NSBD 7—2007)中渠堤土方最小干密度不应小于设计值98%的规定,把碎石土中土体的重型压实度不小于93%、土体的轻型压实度不小于98%作为分析确定碎石土最小压实度和碎石掺量比控制指标的判别标准。

按碎石土干密度为最大干密度的98%,由式(4-1)、式(4-2)计算不同碎石掺量比相应的土体重型压实度和轻型压实度,结果见表4-4。

可见,当碎石土压实度为98%、碎石掺量比小于45%时,其土体的压实度同时可满足重型压实度不小于93%、轻型压实度不小于98%的控制指标。因此,当碎石土干密度不满足击实标准时,其压实度不应小于98%,同时应以碎石掺量比小于45%为控制指标。

**表4-4　碎石土最小压实度及碎石含量控制指标**

| 碎石含量 $\alpha$(%) | 25 | 30 | 35 | 40 | 45 | 50 |
|---|---|---|---|---|---|---|
| 土体质量 $m_s$(g) | 1.552 0 | 1.492 3 | 1.437 0 | 1.385 7 | 1.337 9 | 1.293 3 |
| 土体体积 $V_s$(cm$^3$) | 0.857 9 | 0.836 0 | 0.815 8 | 0.797 0 | 0.779 5 | 0.763 1 |
| 土体密度 $\rho_s$(g/cm$^3$) | 1.809 | 1.78 5 | 1.762 | 1.739 | 1.716 | 1.695 |
| 重型压实度(%) | 99 | 98 | 96 | 95 | 94 | 93 |
| 轻型压实度(%) | 103 | 101 | 100 | 99 | 98 | 96 |

## 4　以碎石土中土体的压实度评定回填质量

### 4.1　碎石土中土体压实度的计算方法

基于碎石土压实度取决于其中土体的密实程度这一基本认识,可以直接应用碎石土中土体的压实度来评定碎石土的回填碾压质量,把碎石土中土体的轻型压实度不小于 100% 作为碎石土回填碾压合格的判别标准。

用于计算碎石土中土体压实度的回填材料技术参数包括回填土体的轻型击实标准 $\rho_{sk}$、碎石表观密度 $\rho_g$。

现场和实验室检测、计算的数据包括碎石土试样体积 $V$、试样质量 $m$、干石质量 $m_g$、湿石质量 $m'_g$、土体体积 $V_s$、土体平均含水量 $\beta$ 及其干密度 $\rho_s$。

碎石土试样中土体的干密度符合式(4-3)、式(4-4)所表示的关系:

$$V_s = V - m_g/\rho_g \qquad (4\text{-}3)$$

$$\rho_s = \frac{m - m'_g}{(1 + \beta)v_s} \qquad (4\text{-}4)$$

以流寺沟碎石土一组试验数据为例,由式(4-3)、式(4-4)计算土体压实度,结果见表 4-5。

**表 4-5　碎石土中土体压实度检测结果**

| 桩号 | 0 + 25 | 0 + 45 | 0 + 50 | 0 + 65 |
|---|---|---|---|---|
| 试样体积(cm³) | 2 852 | 2 648 | 2 388 | 2 347 |
| 试样质量(g) | 6 500 | 6 000 | 5 400 | 5 250 |
| 湿石质量(g) | 1 982 | 1 624 | 1 542 | 1 685 |
| 干石质量(g) | 1 940 | 1 593 | 1 516 | 1 656 |
| 碎石体积(cm³) | 710.6 | 583.5 | 555.3 | 606.6 |
| 土样平均含水量(%) | 14.67 | 15.71 | 14.41 | 12.54 |
| 湿土质量(g) | 4 518 | 4 376 | 3 858 | 3 565 |
| 干土质量(g) | 3 940.0 | 3 781.9 | 3 372.1 | 3 167.8 |
| 土体体积(cm³) | 2 141.4 | 2 064.4 | 1 832.4 | 1 740.3 |
| 土体干密度(g/cm³) | 1.84 | 1.83 | 1.84 | 1.82 |
| 土体压实度(%) | 105 | 104 | 105 | 103 |
| 碎石土干密度(g/cm³) | 2.06 | 2.03 | 2.05 | 2.06 |
| 碎石含量(%) | 49.2 | 42.1 | 45.0 | 52.3 |

以碎石土中的土体压实度评价回填质量,认为表 4-4 中的试样土体干密度均大于其轻型击实标准,检测指标合格。

### 4.2　碎石逊径含量对土体压实质量的影响

对碎石土试样中的土体进行压实度检测时,由于土体中逊径碎石的存在,土体干密度实际值比检测计算值要偏小。因此,用土体压实度(或干密度)评价回填质量时,必须考虑碎石逊径含量这一影响因素。

$$\rho_{sk} = m_s + m_s \alpha \alpha_x \tag{4-5}$$

$$V_s = 1 - \frac{m_s \alpha \alpha_x}{\rho_g} \tag{4-6}$$

$$\rho_s = m_s / V_s \geq 0.98 \rho_{sk} \tag{4-7}$$

假设碎石掺量比为 $\alpha$ 的碎石土,其碎石的逊径含量为 $\alpha_x$,单位体积的土体中含有土体质量 $m_s$、逊径碎石质量为 $m_s \alpha \alpha_x$,土体干密度合格时应满足式(4-5)。扣除单位体积土体中的逊径碎石所占的体积,实际土体体积可表示为式(4-6)。此时的土体干密度不应小于轻型击实标准的98%。

联解式(4-5)~式(4-7),可得到碎石的逊径含量应满足式(4-8):

$$\alpha_x \leq \frac{(1 - 0.98)\rho_g}{0.98(\rho_g - \rho_{sk})\alpha} \times 100\% \tag{4-8}$$

把流寺沟碎石土回填材料技术参数代入式(4-8),碎石掺量比为45%时碎石逊径含量应小于12.8%,对于机制碎石,这一指标是比较容易控制的。在碎石土回填施工过程中,可采用碎石逊径含量小于10%作为控制指标。

## 5 碎石土回填施工质量评价

### 5.1 评价方法

目前,通常使用碎石土压实度(或干密度)来评定回填碎石土的施工质量。通过上述分析,认为碎石土压实度不能作为唯一指标,必须同时控制碎石含量。碎石土压实度合格,碎石掺量比应小于45%,且最小压实度不应小于98%;当碎石掺量比大于45%、碎石土干密度大于击实标准时,比较表4-3和表4-5不能直接判别桩号0+25、0+65两个试样是否合格。

碎石土回填质量用土体压实度评价比较客观直接,碎石掺量比不再是控制指标,而仅作为检测指标。碎石逊径含量也比较容易控制,可用小于10%作为控制指标。

综合比较两种评价方法,推荐使用碎石土中土体压实度评定碎石土回填质量。

### 5.2 存在问题

使用碎石土中土体压实度评定碎石土回填质量模糊了碎石掺量比这一控制指标。如果碎石含量太小,致使碎石土的允许沉降量不能满足设计要求,将导致交叉建筑物周边与相邻渠堤的不均匀沉降;如果碎石含量太大,土体不能完全包裹碎石,不仅该计算方法不再适用,同时碎石土的不稳定结构可能会因渗透变形而导致渠堤及渠道防渗结构的破坏。因此,无论采用何种方法评定碎石回填土的施工质量,碎石含量都应作为一项控制指标。

# 4.2　混凝土浇筑质量控制要点

## 4.2.1　开仓前的准备工作

### 4.2.1.1　原材料检验、报验、使用部位的可追溯性

混凝土拌和使用的各种原材料,包括水泥、粉煤灰、粗细骨料、外加剂等应在施工记

录、旁站记录中载明其材料产地、厂商、进场时间、批号、数量、送样单编号等,使各种原材料的使用部位具有可追溯性。

#### 4.2.1.2　工序检验、报验

混凝土开仓前的工序检验报验包括基面验收工序报验、施工缝处理工序报验、模板工序报验、止水安装报验、钢筋制安工序报验。

#### 4.2.1.3　安全检查

混凝土开仓前对安全生产措施落实情况进行专项检查,并填写检查记录,由施工单位现场负责人和监理人员签字确认。检查主要内容包括脚手架、踏步、防护网、防坠网;布料机输送带;启吊设备及操作人员持证上岗;施工用电、照明及触电保护;人员撤离通道、标识;专职安全员值班制度落实。

#### 4.2.1.4　机械设备工况检查

检查混凝土拌和设备、运输设备、入仓设备、振捣设备工况。

#### 4.2.1.5　应急预案

(1)备用电源:保证拌和设备、振捣设备、现场照明用电功率需求。

(2)拌和设备:在拌和设备出现机械故障的情况下,启用场内、场外其他拌和设备,保证混凝土连续供应。

(3)入仓方式:针对建筑物不同部位(如倒虹吸底板、墙身、顶板),制订紧急情况下入仓方式的替代方案。

(4)恶劣天气:避免雨水在入仓、振捣过程中改变混凝土水灰比,影响混凝土强度。

(5)施工缝设置:应急措施无法保证混凝土正常浇筑时,预留施工缝。

(6)紧急情况下人员撤离、急救措施等。

#### 4.2.1.6　签发施工配合比、开仓令

各项准备工作完成经检查符合要求后,由施工单位提交施工配合比,监理工程师对施工配合比审核、签字,同时签发混凝土浇筑开仓令。混凝土配合比在混凝土拌和过程中任何人不得擅自改动。

### 4.2.2　混凝土拌和

#### 4.2.2.1　原材料称量偏差

混凝土拌和过程中,水泥、粉煤灰允许称量偏差为±1%,砂石骨料允许称量偏差为±2%,水和外加剂的允许称量偏差为±1%。

#### 4.2.2.2　水胶比(水灰比)允许偏差及对混凝土强度的影响

水胶比(或水灰比)是决定混凝土强度和耐久性等性能的主要因素,在施工中必须加强控制,对水胶比的测试可在抽测砂石含水量的同时,记录胶凝材料用量和拌和用水量(含加冰和外加剂溶液中的水量),可据此计算混凝土的水胶比,如超出允许范围,则应及时分析原因采取措施。现场水胶比控制的允许范围,宜为±(0.02~0.03),较小水胶比时按0.02、较大水胶比时按0.03进行控制。一般统计资料表明,水胶比变动0.01时,混凝土强度波动为0.4~0.8 MPa。

#### 4.2.2.3　拌和时间要求

混凝土的拌和时间应通过试验确定,表4-6所列最少拌和时间可参考使用。

表4-6　混凝土最少拌和时间

| 拌和机容量 $Q(\text{m}^3)$ | 骨料最大粒径(mm) | 最少拌和时间(s) | |
|---|---|---|---|
| | | 自落式拌和机 | 强制式拌和机 |
| $0.8 \leqslant Q \leqslant 1$ | 80 | 90 | 60 |
| $1 < Q \leqslant 3$ | 150 | 120 | 75 |
| $Q > 3$ | 150 | 150 | 90 |

### 4.2.3　运输

(1)混凝土运输设备及运输能力应与拌和、浇筑能力及仓面具体情况相适应。

(2)所用运输设备,应使混凝土在运输过程中不发生分离、漏浆、严重泌水、过多温度回升和坍落度损失。

(3)混凝土在运输过程中,应尽量缩短运输时间及较少转运次数。掺普通减水剂的混凝土,其运输时间不宜超过表4-7的规定。因故障停歇过久、混凝土已初凝或已失去塑性时应做废料处理。严禁在运输途中和卸料时加水。

表4-7　混凝土运输时间

| 运输时段气温(℃) | 混凝土运输时间(min) |
|---|---|
| 20~30 | 45 |
| 10~20 | 60 |
| 5~10 | 90 |

(4)在高温和低温条件下,混凝土运输工具应设置遮盖或保温设施,已避免天气等因素影响混凝土质量。

### 4.2.4　混凝土入仓要求

#### 4.2.4.1　界面砂浆

基岩面的浇筑仓和老混凝土上的迎水面浇筑仓,在浇筑第一层混凝土前,必须先铺一层2~3 cm的水泥砂浆;其他仓面若不铺水泥砂浆,应有专门论证。

基岩面和新老混凝土施工缝面在浇筑混凝土前,可铺水泥砂浆、小级配混凝土或同强度等级的富浆混凝土,以保证新混凝土与岩基或新老混凝土施工缝面结合良好。

砂浆的水灰比应较混凝土的水灰比减少0.03~0.05。一次铺设的砂浆面积应与混凝土浇筑强度相适应,铺设工艺应保证新混凝土与基岩或老混凝土结合良好。

#### 4.2.4.2　混凝土自由下落高度

混凝土入仓的自由下落高度不宜大于 2.0 m。超过时,应采取缓降或其他措施,以避免混凝土骨料分离。

#### 4.2.4.3　温度控制

应控制混凝土的出机口温度及运输、浇筑过程中的温度回升。混凝土的允许浇筑温度应符合实际要求。设计文件未规定允许浇筑温度时,可根据允许最高温度计算允许浇筑温度。混凝土浇筑温度不宜大于 28 ℃。应采取综合措施,使混凝土最高温度控制在设计允许范围内。

在岩基或老混凝土上浇筑混凝土前,应检测其温度,如为负温,应加热至正温,加热深度不小于 10 cm 或以浇筑仓面边角(最冷处)表面测温为正温为准,经检验合格后方可浇筑混凝土。

混凝土的入仓温度应符合设计要求,但温和地区不宜低于 3 ℃;严寒和寒冷地区采用蓄热法不应低于 5 ℃,采用暖棚法不应低于 3 ℃。

拌和水温加热不宜超过 60 ℃。超过时应改变加料顺序,将骨料与水先拌和,再加入水泥,以免假凝。

#### 4.2.4.4　骨料集中

入仓混凝土应及时平仓振捣,不得堆积。仓内若有粗骨料堆叠时,应均匀地分布至砂浆较多处,不得用砂浆覆盖,以免造成蜂窝。

在倾斜面浇筑混凝土时,应从低水平到高水平浇筑,在倾斜面处收仓面应与倾斜面垂直。

#### 4.2.4.5　坍落度

混凝土浇筑过程中实测坍落度与配合比坍落度相比应控制在允许误差范围内,见表 4-8。混凝土坍落度分级见表 4-9。

表 4-8　坍落度允许误差

| 坍落度<br>(cm) | 允许偏差<br>(cm) | 坍落度<br>(cm) | 允许偏差<br>(cm) | 坍落度<br>(cm) | 允许偏差<br>(cm) |
|---|---|---|---|---|---|
| ≤4 | ±1 | 4~10 | ±2 | >10 | ±3 |

表 4-9　混凝土坍落度分级

| 级别 | 名称 | 坍落度(cm) | 级别 | 名称 | 坍落度(cm) |
|---|---|---|---|---|---|
| T1 | 低塑性混凝土 | 1~4 | T3 | 流动性混凝土 | 10~15 |
| T2 | 塑性混凝土 | 5~9 | T4 | 大流动性混凝土 | ≥16 |

#### 4.2.4.6　混凝土浇筑时间间隔

混凝土浇筑允许间隔时间应通过试验确定。掺普通减水剂混凝土的允许间隔时间可参照表 4-10。如因故超过允许间隔时间,但混凝土能重塑者可继续浇筑;如局部初凝但未超过允许面积,则在初凝部位铺水泥砂浆或小级配混凝土后可继续浇筑。

表 4-10　混凝土允许间隔时间

| 混凝土浇筑时的气温（℃） | 允许间隔时间（min） | |
|---|---|---|
| | 中热硅酸盐水泥、硅酸盐水泥、普通硅酸盐水泥 | 低热矿渣硅酸盐水泥、硅酸盐水泥、火山灰质硅酸盐水泥 |
| 20～30 | 90 | 120 |
| 10～20 | 135 | 180 |
| 5～10 | 195 | — |

混凝土重塑标准:将混凝土用振捣器振捣 30 s,周围 10 cm 范围内能泛浆,且不留孔洞。

局部初凝允许面积:结构物混凝土上游迎水面 15 m 以内无初凝现象,其他部位初凝累计面积不超过 1%,并经处理合格。

### 4.2.4.7　混凝土浇筑坯(条、块)

混凝土浇筑可采用平铺法或台阶法施工,应按一定厚度、次序、方向分层进行,且浇筑层面应平整。台阶法施工时,台阶宽度不应小于 2 m;在压力管道、竖井、孔道、廊道等周边及顶板混凝土浇筑时,混凝土应对称均匀上升。

混凝土浇筑坯层厚度应根据拌和能力、运输能力、浇筑速度、气温及振捣能力等因素确定,一般为 30～50 cm;如采用低塑性混凝土及大型强力振捣设备,则浇筑坯厚度应根据试验确定。

### 4.2.4.8　含气量

浇筑混凝土含气量与其抗冻等级、混凝土骨料最大粒径有关,见表 4-11。引气混凝土的含气量每 4 h 检测一次。含气量允许偏差范围在 ±1.0%。

表 4-11　掺引气剂型外加剂混凝土的含气量

| 骨料最大粒径(mm) | | 20 | 40 | 80 | 150(或 120) |
|---|---|---|---|---|---|
| 含气量(%) | ≥F200 | 5.5 | 5.0 | 4.5 | 4.0 |
| | ≤F150 | 4.5 | 4.0 | 3.5 | 3.0 |

### 4.2.4.9　混凝土试件

混凝土质量检验以抗压强度为主,同一强度等级混凝土试件的数量应符合下列要求:

大体积混凝土:28 d 龄期每 500 m³ 成型试件 3 个;设计龄期每 1 000 m³ 成型试件 3 个。

非大体积混凝土:28 d 龄期每 100 m³ 成型试件 3 个;设计龄期每 200 m³ 成型试件 3 个。

混凝土极限抗压强度的龄期应与设计龄期相一致。混凝土施工质量控制应以标准条件养护 28 d 的试件抗压强度为准。混凝土不同龄期的抗压强度比值应由试验确定。

混凝土试件应在机口随机取样成型,不得任意挑选。同时,须在浇筑地点取一定数量的试件,以资比较。

### 4.2.4.10　不合格混凝土

混凝土拌和物出现下列情况之一,按不合格料处理:

(1)错用配料单已无法补救,不能满足质量要求;

(2)混凝土配料时,任意一种材料计量失控或漏配,不符合质量要求;

(3)拌和不均匀或夹带生料;

(4)出机口混凝土坍落度超过最大允许值。

## 4.2.5　振捣

### 4.2.5.1　止水、模板部位振捣

混凝土开仓前,应采取措施对止水进行保护,防止污染。二期混凝土止水部位,尤其重点落实。

止水、模板在混凝土覆盖前,专人清理浇筑过程中溅落、附着在上面的砂浆、混凝土及其他污物。

### 4.2.5.2　混凝土振捣

1.混凝土浇筑的振捣应遵守的原则

(1)混凝土浇筑应先平仓后振捣,严禁以振捣代替平仓。振捣时间以混凝土粗骨料不再显著下沉,并开始泛浆为准,应避免欠振或过振。

(2)振捣设备的振捣能力应与浇筑机械和仓位客观条件相适应,使用塔带机浇筑的大仓位,宜配置振捣机振捣。

(3)混凝土浇筑过程中,严禁在仓内加水;混凝土和易性较差时,必须采取加强振捣措施;仓内的泌水必须及时排除;应避免外来水进入仓内;严禁在模板上开孔赶水,带走灰浆;应随时清除黏附在模板、钢筋和埋件表面的砂浆;应有专人做好模板维护,防止模板位移、变形。

2.大仓位混凝土使用振捣机应遵守的规定

(1)振捣棒组应垂直插入混凝土中,振捣完应慢慢拔出。

(2)移动振捣棒组,应按规定间距相接。

(3)振捣第一层混凝土时,振捣棒组应距硬化混凝土面 5 cm;振捣上层混凝土时,振捣棒头应插入下层混凝土 5~10 cm。

(4)振捣作业时,振捣棒头离模板距离应不小于振捣棒的有效作用半径的 1/2。

3.使用手持式振捣器应遵守的规定

(1)振捣器插入混凝土的间距,应根据试验确定并不超过振捣器有效半径的 1.5 倍。

(2)振捣器宜垂直按顺序插入混凝土。如略有倾斜,则倾斜方向应保持一致,以免漏振。

(3)振捣时应将振捣器插入下层混凝土 5 cm 左右。

(4)严禁振捣器直接碰撞模板、钢筋及埋件。

（5）在预埋件特别是止水片、止浆片周围,应细心振捣,必要时辅以人工捣固密实。

（6）浇筑块第一层、卸料接触带和台阶边坡的混凝土应加强振捣。

## 4.2.6　拆模、养护

（1）拆除模板的期限,应遵守下列规定:

①不承重的侧面模板,应在混凝土强度达到2.5 MPa以上,且能保证其表面及棱角不因拆模而损坏时才能拆除。

②钢筋混凝土结构的承重模板,应在混凝土达到下列强度后（按与混凝土设计强度的比值计）才能拆除。

悬臂板、梁:　　跨度≤2 m,　70%;

　　　　　　　　跨度>2 m,　100%。

其他梁、板、拱:跨度≤2 m,　50%;

　　　　　　　　跨度2~8 m,70%;

　　　　　　　　跨度>8 m,　100%。

混凝土允许受冻的临界强度为7 MPa。

（2）在低温季节浇筑的混凝土,拆除模板应遵守下列规定:

①非承重模板拆除时,混凝土强度必须大于允许受冻的临界强度或成熟度值;

②承重模板拆除应经计算确定;

③拆模时间及拆模后的保护,应满足温控防裂要求,并遵守混凝土内外温差不大于20 ℃或2~3 d内混凝土表面温降不超过6 ℃。

# 4.3　旁站记录填写

## 4.3.1　旁站记录文件构成

旁站记录文件包括旁站监理值班记录（JL26）、混凝土施工控制抽检记录、原材料使用部位检验记录、钢筋使用部位检验记录。格式见监理规范和表4-12、表4-13,采用A4纸格式。

旁站监理值班记录（JL35）编号示例:（监理〔2017.3〕倒虹5-2-3）,表示2017年3月倒虹吸建筑物第5个分部工程第2次浇筑混凝土的3班值班记录。

混凝土施工控制抽检记录、原材料使用部位检验记录、钢筋使用部位检验记录编号示例与旁站监理值班记录（JL26）编号相对应,编号:〔2017.3〕倒虹5-2。

## 4.3.2　旁站记录文件填写责任人

旁站监理值班记录（JL26）、混凝土施工控制抽检记录（见表4-12）由旁站值班监理人员填。原材料使用部位检验记录（见表4-13）、钢筋使用部位检验记录（见表4-14）由施工承建单位质检人员填写,现场监理员确认、签字。归档前由驻地监理工程师审核。

### 表 4-12　混凝土施工控制抽检记录

（编号：[2017.3]倒虹 5 - 2 - 3）

| 工程名称： | | 浇筑部位： | | | | 设计标号： | | | | |
|---|---|---|---|---|---|---|---|---|---|---|
| 水　泥： | | 粉煤灰： | | | | 外加剂： | | | | |
| 振捣方法： | | 设计坍落度：　　cm | | | | 日　期：　年 月 日 | | | | |

| 时间 | 温度（℃） | | | | | | | 坍落度（cm） | | 含气量 |
|---|---|---|---|---|---|---|---|---|---|---|
| | 气温 | 水温 | 砂温度 | 中石 | 小石 | 机口混凝土 | 仓面混凝土 | 出机口 | 仓面 | MPa |
| 时　分 | | | | | | | | | | |
| 时　分 | | | | | | | | | | |
| 时　分 | | | | | | | | | | |
| 时　分 | | | | | | | | | | |
| 时　分 | | | | | | | | | | |

| 混凝土拌和原材料称量检测 | | | | | | | | | | |
|---|---|---|---|---|---|---|---|---|---|---|
| 原材料 | 水泥 | 粉煤灰 | 中石 | 小石 | 砂 | 水 | 减水剂 | 引气剂 | 备注 | |
| 设计配合比：　kg | | | | | | | | | | |
| 施工配合比：　kg | | | | | | | | | | |
| 允许偏差：　kg | | | | | | | | | | |
| 时　分 | | | | | | | | | | |
| 时　分 | | | | | | | | | | |
| 时　分 | | | | | | | | | | |
| 时　分 | | | | | | | | | | |
| 备注 | 施工配合比引气剂为水溶液,引气剂浓度(　　%) | | | | | | | | | |
| | | | | | | | | | | |
| 制模时间 | | | | 试件数量 | | | | 组 | | |
| 混凝土方量 | | | | 值班监理 | | | | | | |

表 4-13　原材料使用部位检验记录

（编号：〔2017.3〕倒虹 5 – 2）

施工单位：　　　　　　　　　　　　　　　　　　　　　　合同编号：

| 单位工程 | | 单元工程 | | 施工日期 | |
|---|---|---|---|---|---|
| 分部工程 | | 施工部位 | | 检验日期 | |
| 原材料名称 | 规格型号 | 进场检验日期 | 检验报告编号 | 使用部位 | 备注 |
| | | | | | |
| | | | | | |
| | | | | | |
| | | | | | |
| | | | | | |
| | | | | | |
| 质检员 日　　期 | | 施工负责人 日　　期 | | 现场监理 日　　期 | |

表 4-14　钢筋使用部位检验记录

（编号：〔2017.3〕倒虹 5 – 2）

施工单位：　　　　　　　　　　　　　　　　　　　　　　合同编号：

| 单位工程 | | 单元工程 | | 施工日期 | |
|---|---|---|---|---|---|
| 分部工程 | | 施工部位 | | 检验日期 | |
| 钢筋规格型号 | 批　　号 | 进场检验日期 | 检验报告编号 | 使用部位钢筋编号 | 备注 |
| | | | | | |
| | | | | | |
| | | | | | |
| | | | | | |
| | | | | | |
| | | | | | |
| 质检员 日　　期 | | 施工负责人 日　　期 | | 现场监理 日　　期 | |

## 4.3.3　旁站监理值班记录（JL26）填写要求

由值班监理人员按照班次认真填写。混凝土浇筑旁站，注意将该记录表与《水利水电工程单元工程施工质量验收评定标准——混凝土工程》（SL 632—2012）中普通钢筋混凝土单元工程混凝土浇筑工序施工质量验收评定表 2.1.5 中所列的检验项目对应记录描述。

（1）砂浆铺筑:描述施工逢部位砂浆铺筑情况。

（2）有无不合格混凝土料入仓:描述入仓混凝土坍落度变化范围、温度变化范围、含气量变化范围、混凝土各种原材料称量偏差范围,对入仓混凝土是否合格做出评价。

（3）平仓分仓:描述混凝土仓面分割、浇筑顺序。可以在混凝土施工控制抽检记录中以草图的形式予以记载和描述。

（4）振捣:描述混凝土振捣过程。如振捣棒间距、振捣方向、混凝土铺筑层厚度、振捣棒插入深度、止水部位附着物清理及混凝土入仓振捣等。

（5）层间间隔时间:根据记录的混凝土浇筑层间间隔时间、混凝土罐车间隔时间、浇筑过程气温、施工规范间隔时间要求以及混凝土初凝时间,评价层间间隔时间是否满足相关要求。

（6）积水和泌水:对仓面是否有泌水、积水及相应处理措施、处理效果情况做出描述。

（7）其他:①施工过程中是否存在因交接班、设备故障、事故等因素导致混凝土入仓间歇超过相关规定,是否存在初凝现象以及相应处理措施等。②人员情况、主要施工机械名称及运转情况、主要材料进场与使用情况,按施工现场情况如实进行记录。③承包人提出的问题、曾对承包人下达的指令等,要明确答复意见、明确处理措施、明确处理结果。

## 4.3.4　混凝土施工控制抽检记录

（1）混凝土坍落度、含气量、各种原材料温度及称量按照相关规定按时观测、记录。

（2）绘制仓面示意图,标明仓面浇筑顺序。

（3）记录混凝土罐车到达离开时间,仓面浇筑部位、浇筑层起止时间。

（4）意外情况起止时间,处理措施、处理结果等。

（5）粗骨料集中部位、泌水积水部位,处理措施等。

（6）止水带、钢筋较密集处、细部结构等关键部位所采取的必要措施。

（7）冬季混凝土施工措施落实情况,记录开仓前老混凝土面温度、入仓混凝土温度和振捣完成后仓面混凝土温度。

## 4.3.5　旁站值班记录建档要求

（1）旁站记录必须由承包人代表（现场负责人）签字确认。

（2）旁站记录应及时整理、编号,由驻地监理工程师审核后及时归档。

（3）按照建筑物、分部工程、时间先后顺序分类编号,按月装订。

# 4.4　质量缺陷与处理备案

## 4.4.1　混凝土结构质量缺陷

### 4.4.1.1　质量事故分类标准

质量事故分类按照《水利工程质量事故处理暂行规定》（水利部令第 9 号）进行,分类标准见表 4-15。

混凝土工程质量事故根据该规定和监理规范质量事故处理程序另行处理。

表 4-15　水利工程质量事故分类标准

| 损失情况 | | 事故类别 | | | |
|---|---|---|---|---|---|
| | | 特大质量事故 | 重大质量事故 | 较大质量事故 | 一般质量事故 |
| 事故处理所需的物质、器械和设备、人工等直接损失费用(万元) | 大体积混凝土,金属结构制作和机电安装工程 | >3 000 | >500,≤3 000 | >100,≤500 | >20,≤100 |
| | 土石方工程,混凝土薄壁工程 | >1 000 | >100,≤1 000 | >30,≤100 | >10,≤30 |
| 事故处理所需合理工期(月) | | >6 | >3,≤6 | >1,≤3 | ≤1 |
| 事故处理后对工程功能和寿命影响 | | 影响工程正常使用,需限制条件运行 | 不影响正常使用,但对工程寿命有较大影响 | 不影响正常使用,但对工程寿命有一定影响 | 不影响正常使用和寿命 |

注:1. 直接经济损失费用为必需条件,其余两项主要适用于大中型工程;

　　2. 小于一般质量事故的质量问题称为质量缺陷。

#### 4.4.1.2　质量缺陷

混凝土结构中,不符合规定检验要求的检验项目或检验点,造成经济损失小于 10 万元,延误工期不足一个月,经论证后不需进行处理或经过处理后仍能满足设计要求,不影响工程正常使用及工程寿命的,称为混凝土结构质量缺陷。

#### 4.4.1.3　缺陷形式

混凝土结构质量缺陷分四个形式,包括混凝土结构外观质量缺陷、混凝土内部质量缺陷、混凝土结构裂缝和混凝土结构止水缺陷。

### 4.4.2　缺陷处理监理工作程序

#### 4.4.2.1　缺陷处理工作程序

混凝土工程质量缺陷一般应遵循以下监理工作程序:①施工单位自查或施工、监理、建管单位联合检查,确定质量缺陷的类型、范围,由施工单位上报监理机构;②监理机构复查;③缺陷处理方案申报、审批;④缺陷处理前基面的联合检查验收;⑤缺陷处理后对处理效果的联合检查验收;⑥质量缺陷备案。

#### 4.4.2.2　质量缺陷处理后检查验收

质量缺陷由监理单位组织建管、设计、施工单位对处理结果进行检查、验收,处理及验收结果应报建设单位备案,并报质量监督单位。

#### 4.4.2.3　质量缺陷备案

质量缺陷备案表由监理单位组织填写,内容应真实、准确、完整。各工程参建单位代表应在质量缺陷备案表上签字,若有不同意见应明确记载。质量缺陷备案资料按竣工验收的标准制备,工程竣工验收时,项目法人应向竣工验收委员会汇报并提交历次质量缺陷备案资料。

质量缺陷备案表见《水利水电工程施工质量检测与评定规程》(SL 176—2007)附录B。

### 4.4.3　混凝土结构质量缺陷原因分析

#### 4.4.3.1　混凝土结构外部和内部质量缺陷原因分析

发现混凝土结构外部和内部质量缺陷后,除详细检查(测)记录质量缺陷所发生部位、产状、时间、温度、水位、荷载等工作条件外,应根据缺陷检查(测)、调查结果及缺陷具体形态,结合上述因素,分析缺陷产生原因,判断对建筑物结构安全、运行及外观影响,并对质量缺陷分析定类。

施工期混凝土结构外观和内部质量缺陷产生原因主要有材料、施工、环境及其他因素等方面。具体可从混凝土原材料、混合比设计、拌和、运输、浇筑、振捣、养护条件、温控措施、气温变化、放样、模板、约束、拆模时间等方面分析。

对有普遍性的混凝土结构质量缺陷,必要时应召开专题研讨会,分析研讨缺陷原因,视需要可进行结构复核计算。

#### 4.4.3.2　混凝土结构裂缝成因分析

混凝土结构裂缝按深度可分为表层裂缝、深度裂缝和贯穿裂缝三种;按裂缝开度变化可分为死缝、活缝、增长缝三种;按产生原因可分为变形裂缝和结构性裂缝两种。

裂缝产生后,除详细检查(测)记录外,还应根据裂缝检查(测)、调查结果,综合分析裂缝成因,判断对建筑物结构安全、运行及外观影响,并对裂缝分析定类。

施工期混凝土结构裂缝产生主要原因有材料性质和配合比、施工、环境条件、结构设计及受力荷载、其他等方面。

与材料性质和配合比有关的因素有水泥的强度等级、凝结时间和安定性不合格;掺和料细度、需水量比过大;外加剂不合格;水泥与外加剂适应性差;骨料含泥量过大、级配不良。混凝土的水泥用量大、用水量大、水胶比大、和易性差等。

与施工有关的因素有拌和时间不够或过长、拌和后到浇筑时间间隔过长、运输差错、浇筑顺序有误、速度不合适、振捣不良、连续浇筑间隔时间过长、模板变形或漏浆、拆模时间不当、养护不当、温控不严等。

与环境条件有关的因素有气温骤变、温差过大、基础或老混凝土约束、冲击、振动、环境水侵蚀等。

设计方面的原因主要有构件断面尺寸不足、钢筋用量不足、配筋位置不当、结构物沉降差异、分缝不当、对温度应力及收缩应力估计不足等。

#### 4.4.3.3　混凝土结构止水缺陷原因分析

混凝土结构止水缺陷原因有原材料不合格、设计缺陷及施工质量缺陷等。

根据止水缺陷检查(测)、调查结果,对止水缺陷成因进行分析,判断对建筑物结构安全、运行及外观影响。

## 4.4.4　混凝土结构质量缺陷处理

### 4.4.4.1　混凝土结构外观质量缺陷处理

（1）外露钢筋头、钢管头的处理要求如下：

外露非受力钢筋头、钢管头应予以切除，并打磨到钢筋混凝土面及以下 1~2 mm，清洗干燥后，涂环氧胶泥抹平。

外露受力钢筋，原则上应结合构件外形修整一并处理。严禁沿混凝土表面采用气割法切割外露钢筋和钢管头。

（2）表面麻面、蜂窝、空洞、气泡等的处理要求如下：

对于表面麻面、蜂窝、空洞、气泡等混凝土结构表面质量缺陷，修补时对不符合要求的混凝土应清除松动碎块、残渣至母体密实面，凿成斜坡，再用高压风水冲洗干净，然后涂一层界面剂，再用微膨胀预缩水泥砂浆或环氧砂浆或丙乳砂浆处理。有外观要求的表面，最后再用与母体颜色相近的丙乳砂浆收面。

对于孔径≥20 mm，深度≥50 mm 的空洞，应浇筑高于母体一级强度等级的混凝土。

常用修补砂浆配合比见表 4-16~表 4-19。修补环氧细石混凝土配合比见表 4-20。

（3）错台、挂帘处理。

凡表面错台、挂帘，平整度不达标的结构表面，均应打磨至设计标准，高速水流面应做相应保护处理。

（4）凡外部尺寸偏差大于规定要求的构件，原则上应根据外观要求，可结合相应装饰工程一并处理。

（5）高速水流的混凝土结构外观缺陷，其处理标准见《水工建筑物抗冲磨防空蚀混凝土技术规范》（DL/T 5207—2005）。

### 4.4.4.2　混凝土内部质量缺陷处理

（1）混凝土结构内部质量缺陷，原则上采用灌浆法处理。灌浆材料可分别采用普通水泥浆材、超细水泥浆材、改性水泥浆材、膨胀水泥浆材、环氧类浆液等材料，并合理确定浆液浓度、灌浆压力等灌浆参数和施工工艺。

（2）对于确定需要加固或特殊处理的缺陷，应进行专题论证后，严格按设计要求进行处理。当需拆除时，可采用部分或全部凿除或爆破清除，并经专门设计后进行。

表 4-16　预缩砂浆配合比（一）

| 水 | 水泥 | 砂 |
| --- | --- | --- |
| 0.35 | 1 | 2.10 |
| 0.40 | 1 | 2.43 |

注：1. 砂子经过 2.5 mm 孔径筛过的砂子；

　　2. 砂子以干燥状态为基准；

　　3. 拌和好的预缩砂浆应加盖塑料布堆放 30~60 min 后使用，夏天在 2 h，冬天在 4 h 内用完。

表 4-17 预缩砂浆配合比（二）

| 水 | 水泥 | 粉煤灰 | 砂 |
|---|---|---|---|
| 0.30 | 1 | 0.15 | 1.8 |

注:1.砂子经过 2.5 mm 孔径筛过的砂子;

2.砂子以饱和面干为基准;

3.拌和好的预缩砂浆应加盖塑料布堆放 30~60 min 后使用,夏天在 2 h、冬天在 4 h 内用完。

表 4-18 预缩砂浆配合比（三）

| 水 | 水泥 | 砂 |
|---|---|---|
| 0.28~0.32 | 1 | 2.0~2.5 |

注:1.砂子筛除 1.6 mm 的粗砂和 0.15 mm 的粉砂,细度模数为 1.8~2.0;

2.砂子以饱和面干为基准;

3.拌和好的预缩砂浆应加盖塑料布堆放 30~60 min 后使用,夏天在 2 h、冬天在 4 h 内用完。

表 4-19 丙乳砂浆配合比

| 水 | 水泥 | 丙乳混合液 | 砂 |
|---|---|---|---|
| 0.50 | 1 | 0.167 | 1.67 |

注:1.粒径小于 2.5 mm 孔径筛过的砂子;

2.砂子以饱和面干为基准;

3.水泥不低于 32.5R 的普通硅酸盐水泥,丙乳固体含量为 39%~48%,砂浆中的用水量应考虑丙乳液中的含水量;

4.打底和最后刷面层采用的丙乳净浆配合比为 1 kg 丙乳加 2 kg 水泥搅拌成浆。

表 4-20 环氧细石混凝土配合比

| 环氧树脂 | 乙二胺 | 二丁酯 | 水泥 | 砂 | 小石子 |
|---|---|---|---|---|---|
| 1 kg | 0.01 kg (11 mL) | 0.015 kg (17 mL) | 2 kg | 1.4 kg | 2.6 kg |

### 4.4.4.3 混凝土结构裂缝处理

混凝土结构裂缝常见的处理方法有封闭法、灌浆法和补强加固法等。在此介绍几种处理方法的适用条件,以供参考。

(1)环氧树脂灌注法。环氧树脂是最常见的裂缝灌注材料,它具有较高的机械强度,并能抵抗混凝土所遇到的大多数化学侵蚀,树脂可以灌入 0.05 mm 的裂缝。当裂缝是活动的、有渗漏的、不能干透的或者裂缝数量极多时,不易采用。

(2)聚合物浸入法。重力渗入法:低黏度的液态树脂可用来密封水平结构物表面不小于 0.1 mm 的裂缝,将树脂涂刷到表面上,使树脂溢于裂缝表面。真空渗入法:更适合封闭多重无规则表面裂缝。先将裂缝表面密封,抽去真空,使裂缝中和孔隙中的空气全部排除;再在大气压力下用纯环氧树脂浆料注入裂缝表面中。

(3)钉合法。当必须恢复主裂缝断面的抗拉强度时,使用钉合法比较适宜。特别比较适宜在不会损坏周围结构的场合下用来锁闭活动裂缝。用相对薄而长的金属"缝合U形钉"跨过裂缝嵌入事先开好的槽沟中,用无收缩砂浆或者环氧树脂基黏合剂来固定。

(4)灌浆法。是最简单和最普通的裂缝修补方法,用于修补对结构影响不大的静止裂缝,通过密封裂缝来防止水汽、化学物质和二氧化碳的侵入。普通水泥灌浆:大体积混凝土坝、厚混凝土墙或者水工结构的岩石基础上的裂缝,可通过注入硅酸盐水泥砂浆来密闭;聚合物灌注:基于氨基甲酸乙酯或者丙烯酰胺聚合物的灌浆料,和水反应后形成固态沉淀物或泡沫材料,起到封闭裂缝的作用,可在潮湿环境中使用。

(5)钻孔嵌塞法。这种方法通常用来灌注墙体中的裂缝。如果要求密封防水,孔中应填入柔性沥青来代替砂浆;如果灌注栓塞的作用比较重要,孔中则要灌注环氧树脂。

(6)柔性密封法。通常将活动裂缝转变为运动节缝是比较适宜的办法。沿裂缝边缘开一凹槽并填入适当的柔性材料。节缝底部使用隔离层。

(7)粘贴法。当运动不止作用于一个平面时,或者过度的运动已超过一个普通尺寸的凹槽所允许的范围时,或者不可以切割出槽时可使用这个方法。用柔性的密封带盖住裂缝,仅将带的边缘部分黏住。

(8)附加钢筋法。普通钢筋:首先将裂缝密闭,然后贯穿裂缝平面大约90°的方向钻孔,将环氧树脂注入孔内,再将钢筋插入孔中使之黏合成整体;外部施加预应力钢筋:通过后张法施加应力,来加强结构件的主要部分或者封闭裂缝。

(9)干嵌填法。用手工将低水灰比的砂浆连续嵌入裂缝,形成与原有混凝土结构紧密连接的密实砂浆。先在裂缝表面开槽,大约宽25 mm、深25 mm,清理后涂刷界面剂并连续嵌入低水灰比的砂浆。

(10)叠合面层法。当结构表面存在大量的裂缝,而且采用其他办法单独处理各个裂缝过于昂贵时,用这个方法来密闭、覆盖(不是修复)裂缝非常有效。对于偶然出现大面积网状裂缝,使用该法很有效。

(11)自闭合法。这是潮湿环境中混凝土结构在没有拉应力作用时发生的一种自身修复现象。由于周围空气和水中存在二氧化碳,水泥浆中的氢氧化钙发生碳化作用,结果碳酸钙和氢氧化钙晶体在裂缝内析出并生长。晶体组合交织产生一种机械黏结作用,又被邻近晶体之间以及晶体和水泥浆及骨料表面间的化学黏结作用所增强,最后混凝土裂缝部位的抗拉强度得到一定的恢复,裂缝也被密闭了。

(12)涂层及其他表面处理法。修复开裂的混凝土结构可以使用范围很广的表面浸渍密封剂和涂料。如果混凝土开裂已经稳定,则可通过涂料获得成功地修补。有抗冻要求结构混凝土不适合。

#### 4.4.4.4 混凝土结构止水缺陷处理

(1)施工中造成的止水缺陷,应在适宜环境和季节时进行处理。

(2)为确保施工质量,渗水和漏水部位止水处理原则上宜将水集中引出或堵漏后再做处理。

(3)止水缺陷处理可采用嵌填法、粘贴法、锚固法、灌浆法等处理。这些方法均适用于迎水面表面止水处理。

# 第 5 章　合同管理与资金控制

## 5.1　工程建设项目合同与管理

### 5.1.1　工程建设项目合同

#### 5.1.1.1　项目合同

工程建设项目合同,是指项目法人与项目承包人(供应商)为完成指定工程建设项目的目标或内容,而达成的明确相互权利和义务关系的具有法律效率的文件。

#### 5.1.1.2　合同订立的基本原则

合同订立的基本原则包括平等原则、自愿原则、公平公正原则、诚实信用原则、守法原则。

#### 5.1.1.3　项目合同的主要类型

按签约各方的关系,项目合同的主要类型包括:①项目总承包合同;②项目分包合同;③转包合同;④借贷合同;⑤营运合同;⑥劳务分包合同;⑦劳务合同;⑧联合承包合同;⑨买卖合同。

按计价方式,项目合同的主要类型包括:①总价承包合同:不可调价合同和可调价合同;②成本加酬金合同:成本加成本百分比酬金合同、成本加固定酬金合同、成本加浮动酬金合同;③单价合同;④计量估价合同:以承包商提供的产品或服务的清单及其价格表为计算价款的依据。

### 5.1.2　项目合同管理

#### 5.1.2.1　项目合同管理的作用

项目合同在工程建设过程中,是维系发包人、承包人及其他相关方正常关系的纽带。项目实施过程又是一系列经济合同签订和履行过程,合同管理贯穿于工程建设项目实施的全过程。加强项目合同管理,不仅有利于规范项目各方的市场行为、维护合同各方的合法权益、有效履行各方职责,而且可以有效规避项目风险。

#### 5.1.2.2　履行合同的担保方式

根据我国法律的规定,合同的担保形式有定金、保证、抵押、留置权、质押五种。

工程建设项目履行合同的担保方式有投标保证金、履约担保、预付款担保、支付担保。

#### 5.1.2.3　合同履行

合同履行是指合同依法成立后,当事人按照约定的内容和约定的履行期限、地点和方式,全面完成各自所承担的合同义务,从而使合同所产生的合同法律关系得以全部实现,当事人的经济目的得以达到的整个行为过程。

　　合同履行包含实际履行和全面履行两个层面的要求。

　　实际履行又叫实物履行,是指合同当事人必须严格按照合同规定的标的来履行各自的义务。

　　全面履行又叫适当履行,是指在合同履行过程中必须按照合同规定的标的数量和质量,在规定的时间、地点、规定的方式全面履行合同规定的各项义务。

### 5.1.2.4　合同履行的保证体系

　　合同履行保证体系应围绕项目投资、进度、质量核心目标,有效实现合同中规定的当事人的责任和义务。

　　合同组成文件和合同分析是实施合同管理的依据。在合同履行前,应当由合同管理人员编制合同实施的详细工作计划,向各层次合同管理人员、履行合同参与人员进行合同交底,把合同责任具体落实到各责任人和合同实施的具体工作上。包括:

　　(1)合同交底:合同管理人员向项目管理人员和企业各部门管理人员进行合同交底,组织大家学习合同和合同总体分析成果,研究落实合同实施的详细工作计划,对合同的主要内容做出解释和说明。

　　(2)落实责任人:将各种合同事件的责任分解到工程项目的有关责任人。

　　(3)当事人的协调、沟通:在合同实施前和合同实行过程中,加强合同当事人及项目相关参与方的沟通,必要时召开协调会议,落实各种安排。

　　(4)监督检查:在合同实施过程中,必须经常进行检查、监督,对合同当事人的权利、义务做出评价。

　　(5)责任追究:追究违约责任、承担违约责任,是保证合同有效履行的重要保证手段。

### 5.1.2.5　违约责任

　　当事人违反合同时应承担违约责任,其形式如下:

　　(1)支付违约金。违约金有法定违约金与约定违约金两种。

　　(2)支付赔偿金。赔偿金是由于当事人一方的过错不履行或不完全履行合同,给对方造成损失,在违约金不足以弥补损失时,向对方支付不足部分的货币。

　　(3)采取补救措施。违约方在违约事实发生后,所采取的返工、修理、重做等措施。

　　(4)继续履行合同。根据实际履行原则,违约方在承担经济责任后,无论是支付违约金还是支付赔偿金,都不能代替合同的履行。

　　(5)解除合同。如果当事人一方违约,致使合同无法按期履行或无法实现合同目的,则合同可以解除而不必继续履行。

### 5.1.2.6　项目资金管理内容

　　项目资金管理包括:①投标不平衡报价管理;②变更管理;③索赔管理;④材料价格调整;⑤施工组织管理。

# 5.2　投标不平衡报价管理

## 5.2.1　投标报价的编制依据

投标报价编制主要依据包括:《建设工程工程量清单计价规范》(GB 50500—2013)及省(部)行业主管部门颁布的计价办法;省(部)行业主管部门颁布的计价定额或企业定额;招标文件、工程量清单及补充通知、答疑纪要;招标设计文件及相关资料;施工现场情况、工程特点;投标拟定的施工组织设计或施工方案;工程建设项目相关的规范、标准;市场价格信息;其他相关资料。

## 5.2.2　不平衡报价法

不平衡报价法是指一个工程项目的投标报价在总价基本确定后,如何调整内部各个项目的报价,以期既不提高总价不影响中标,又能在结算时得到更理想的经济效益。

### 5.2.2.1　常见的不平衡报价方法

(1)资金收入时间早的项目单价高、收入时间晚的项目单价低;

(2)清单工程量不准确,工程量增加的项目单价高、工程量减少的项目单价低;

(3)招标图纸工程量不明确,可能工程量增加的项目单价高、工程量减少的项目单价低;

(4)暂定工程,自己承包可能性高的项目单价高、可能性小的项目单价低;

(5)单价和包干混合制项目,固定包干价格项目单价高、单价项目单价低;

(6)单价组成分析表,人工和机械费单价高,材料费单价低;

(7)议标时招标人要求压低单价,工程量大的项目单价小幅降低、工程量小得项目单价大幅度降低;

(8)工程量不明确报单价的项目,没有工程量的项目单价高,有假定工程量的项目单价适中。

### 5.2.2.2　其他不平衡报价策略

(1)计日工单价的报价。单纯报计日工单价而且不计入总价中,单价高报以便在额外使用人工或机械时盈利。如果计日工单价计入总报价,则要具体分析是否提高报价。

(2)无利润报价。无利润报价为权宜之计,一般在发生以下情况时采用:①分期建设项目,低价获得首期项目,为后期工程获得竞争优势;②获得业绩,着眼企业长远发展;③企业生存需要,较长时期内没有在建项目,中标以维持生计。

## 5.2.3　招标评标对不平衡报价的防范策略

(1)提高招标图纸的设计深度和质量。招标图纸是招标人编制工程量清单、投标人投标报价的重要依据。施工过程中,如果有大量的补充设计和设计变更,导致招标时的工程量清单与实际施工的工程量相差很大,采用固定单价计价方式,将会给投标人通过不平衡报价获得额外收益带来机会。

（2）提高工程量清单编制质量，以免给不平衡报价留有余地。不平衡报价一般是抓住工程量清单中的漏项、计算错误得以实现。因此，工程量清单的编制要尽可能周全、准确，每一个子目必须清楚、全面、准确地描述各清单项目的特征和需要投标人完成的详细的工程内容，以便投标人全面考虑完成清单项目所要发生的全部费用。

（3）限制严重的不平衡报价。编制招标控制价，限制明显的不平衡报价投标人中标。招标控制价的编制除包括工程总价外，还包括各个实体与非实体项目的具体单价，均可作为各具体项目的控制线，这样可以很好地起到防范投标人采用过于明显的不平衡报价策略的作用。

（4）完善评标办法，改善评标委员会专家结构。在评标专家组中多安排工程造价管理人员参与，适当提高造价专家在商务标评标小组中的比例。评标办法中对综合单价、措施费、总价各占比例分别打分，限制数额较大的不平衡报价。

# 5.3　变更管理

## 5.3.1　变更的提出与确认

工程建设项目参建各方均可提出变更要求或建议，包括业主、设计、施工、监理、运行管理单位、利益相关方等。

无论何方提出的变更要求或建议，均需经监理人与有关方面协商，并得到发包人的同意或授权后，再由监理人按合同规定及时向承包人发出变更指示。

变更指示的内容应包括变更项目的详细变更内容、变更工程量、有关文件图纸以及监理人按合同规定指明变更处理的原则。

## 5.3.2　变更的范围和内容

在履行合同过程中，变更建议或要求经发包人同意后，监理人可按发包人的授权，指示承包人进行变更。变更的范围和内容有以下几种类型：

（1）增加或减少合同中任何一项工作的内容。在合同履行过程中，如果合同中的任何一项工作内容发生变化，包括增加或减少，均需监理人发布变更指示。

（2）增加或减少合同中关键项目的工程量超过专用条款规定的百分比。专用条款规定的百分比一般为15%～25%，增减超过规定的百分比相应部分按变更处理。

（3）取消合同中任何一项工作。如果发包人要取消任何一项工作，应有监理人发布变更指示，按变更处理。但取消的工作不能转由发包人实施，也不能由发包人雇用的其他承包人实施。

（4）改变合同中任何一项工作的标准和性质。合同技术条款对合同中任何一项工作的标准或性质都有明确的规定，合同实施过程中，如果根据工程实际情况，需要提高标准或改变工作性质，需要监理人按变更处理。

（5）改变建筑物的形式、基线、标高、位置或尺寸。

（6）改变合同中任何一项工作的完工日期或改变已批准的施工顺序。

（7）追加为完成工程所需的任何额外工作（按新增合同项目处理）。

以上范围内的变更项目，未引起施工组织和进度计划发生实质性变动、不影响其原定价格时，不需要按变更调价原则处理，不予调整该项目单价或合价。

## 5.3.3　变更价款调整原则

当工程变更需要调整合同价格时，可按以下三种不同情况确定其单价或合价。承包人的投标文件（如单价分析表、总价合同项目分解表）经双方协商同意，可作为计算变更项目价格的重要参考资料。

（1）当合同工程量清单中有适用于变更的项目时，应采用该项目的单价或合价。

（2）当合同工程量清单中无适用于变更的项目时，可在合理的范围内参考类似项目的单价或合价作为变更估价的基础，由监理人与承包人、发包人协商变更后的单价或合价。

（3）当合同工程量清单中无类似变更项目的单价或合价可供参考时，由监理人与承包人、发包人协商确定新的单价或合价。

## 5.3.4　图纸审查、设计变更

### 5.3.4.1　重大设计变更

重大设计变更是指工程建设过程中，工程的建设规模、设计标准、总体布局、布置方案、主要建筑物结构形式、重要机电金属结构设备、重大技术问题的处理措施、施工组织设计等方面发生变化，对工程的质量、安全、工期、投资、效益产生重大影响的设计变更。

### 5.3.4.2　设计变更审批管理

按照《水利工程设计变更管理暂行办法》的规定，工程设计变更审批采取分级管理制度。重大设计变更文件由项目法人按原报审程序报原初步设计审批部门审批；一般设计变更由项目法人组织审查确认后实施，并报项目主管部门核备，必要时报项目主管部门审批；设计变更文件批准后由项目法人负责组织实施。

### 5.3.4.3　特殊情况重大设计变更处理

对需要进行紧急抢险的工程设计变更，项目法人可先组织进行紧急抢险处理，同时通报项目主管部门，并按照《水利工程设计变更管理暂行办法》办理设计变更审批手续，并附相关的影像资料说明紧急抢险的情形。

若工程在施工过程中不能停工，或不继续施工会造成安全事故或重大质量事故的，经项目法人、监理单位、设计单位同意并签字认可后即可施工，但项目法人应将情况在 5 个工作日内报告项目主管部门备案，同时按照《水利工程设计变更管理暂行办法》办理设计变更审批手续。

### 5.3.4.4　变更指示

监理人在向承包人发出任何图纸或文件前，有责任认真仔细检查其中是否存在合同规定范围内的变更。若存在，监理人应在授权范围内按合同规定发出变更指示，并抄送发包人。

承包人收到监理人发出的图纸和文件后，承包人应认真检查。认为其中存在合同规定范围内的变更,而监理人未按合同规定发出变更指示,应在收到监理人发出的图纸和文件后,在规定的时间内(一般为 14 d)报告监理人,并提供必要的依据。

监理人在收到承包人的报告后,应及时与发包人沟通在合同规定的时间内(一般为 14 d)答复承包人(同意或不同意),若逾期未答复,视为监理人同意承包人提出的变更要求。

### 5.3.5　变更报价处理程序

#### 5.3.5.1　提交变更报价书

提交时限:承包人在收到监理人发出的变更指示后,应在合同规定的时限内(一般为 28 d)向监理人提交一份变更报价书,并抄送发包人。

报价书内容:包括承包人确认的变更报价处理原则、变更工程量及变更项目报价单。重大变更项目应提交施工方案(措施)、进度计划、单价分析表。

变更报价处理原则协商一致:承包人提交变更报价书之前,首先要确认变更报价处理原则,并协商一致。

#### 5.3.5.2　变更处理决定

监理人收到承包人变更报价书后,在合同规定的时限内(一般为 28 d)对变更报价书进行审核,并做出变更处理决定,而后将变更处理通知承包人,并抄送发包人。

#### 5.3.5.3　监理人变更处理权限

监理人应在发包人授权范围内按合同规定处理变更事宜。对发包人规定限额以下的变更,监理人可以独立做出变更决定。

超出发包人授权的限额范围时,监理人的变更决定应报发包人批准。

#### 5.3.5.4　变更处理争议解决

发包人和承包人未能就监理人的决定取得一致意见,则监理人有权暂定他认为合适的价格和需要调整的工期,并将其暂定的变更处理意见通知承包人,并抄送发包人,为了不影响工程进度,承包人应遵照执行。

对已实施的变更,监理人可将其暂定的变更费用列入合同规定的月进度款中予以支付。

发包人和承包人均有权在收到监理人的变更决定后,在合同规定的时间内(一般为 28 d),可以要求按合同规定提请争议评审组评审或仲裁机构仲裁。

# 5.4　索赔管理

## 5.4.1　施工索赔

施工索赔是指合同履行过程中,建设工程合同的一方当事人因对方不履行合同义务或由于对方应承担的风险事件发生而遭受的损失,向对方提出的赔偿(补偿)要求。

承包人向发包人提出的赔偿要求称为索赔。发包人向承包人提出的赔偿要求称为反索赔。按索赔的目的一般将索赔分为费用索赔和工期索赔。

## 5.4.2　承包人的索赔程序和期限

### 5.4.2.1　索赔程序

《水利水电施工合同通用条款》第 23.1 款规定,根据合同约定,承包人认为有权得到追加付款或延长工期的,应按以下程序向发包人提出索赔承:

(1)承包人应在知道或应当知道索赔事件发生后 28 d 内,向监理人递交索意向通知书,并说明发生索赔事件的事由。承包人未在前述 28 d 内发出索赔意向通知书的,丧失要求追加付款或延长工期的权利。

(2)承包人应在发出索赔意向通知书后 28 d 内,向监理人递交索意向通知书。索赔通知书应详细说明索赔理由以及要求追加的付款金额和延长的工期,并附必要的记录和证明材料。

(3)索赔事件上有连续影响的,承包人应按合理时间间隔继续递交延续索赔通知,说明连续影响的实际情况和记录,列出累计的追加付款金额和工期延长天数。

(4)在索赔事件影响结束后的 28 d 内,承包人应向监理人递交最终索赔通知书,说明最终要求索赔的追加付款金额和延长的工期,并附必要的记录和证明材料。

### 5.4.2.2　索赔期限

《水利水电施工合同通用条款》第 23.3 款规定:

(1)承包人按第 17.5 款的约定接受了竣工付款证书后,应被认为已无权再提出在合同工程接收证书颁布发前所发生的任何索赔

(2)承包人按第 17.6 款的约定提交的最终结清申请单中,只限于提出工程接收证书颁布发以后发生的索赔。提出索赔的期限自接受最终结清证书时终止。

### 5.4.2.3　索赔意向书

索赔意向书包括以下内容:①索赔事件及其发生的时间、地点;②索赔依据的合同条款;③提出索赔意向。

### 5.4.2.4　索赔申请报告

索赔申请报告包括以下内容:①索赔事件综合说明;②索赔的依据;③索赔要求:费用补偿、工期补偿;④证据资料:日志、记录、文函、影像、气象资料等。

## 5.4.3　索赔处理程序

监理人对索赔的处理按以下程序执行:①审核索赔申请;②判定索赔是否成立;③审查索赔报告;④确定合理补偿;⑤发包人审查;⑥签发有关证书;⑦索赔处理争议解决。

## 5.4.4　可以索赔的费用

### 5.4.4.1　确定可以索赔费用的基本原则

(1)所发生的费用应该是承包人履行合同所必需的,即如果没有该项费用支出,就无法合理履行合同,无法使工程达到合同要求。

(2)给予补偿后,应该使承包人处于与假定未发生索赔事件情况下的同等有利或不利地位,即承包人不因索赔事件的发生而额外受益或额外受损。

### 5.4.4.2　常见的损失项目清单

（1）人工费：额外劳动力雇用；劳动效率降低；人员闲置；加班工作；人员人身保险和各种社会保障支出。

（2）材料费：额外材料使用；材料破损估价；材料涨价；材料保管、运输费用。

（3）设备费：额外设备使用；设备使用时间延长；设备闲置；设备折旧和修理费分摊；设备租赁实际费用增加；设备保险费用增加。

（4）低值易耗品：额外低值易耗品使用；小型工具；仓库保管成本。

（5）现场管理费：工期延长的现场管理费；办公设施、办公用品；供热、供水、供电；额外管理人员雇用；人员人身保险；工资和福利待遇提高。

（6）资金成本：贷款利息；额外担保费用；利润损失。

## 5.4.5　索赔费用的计算方法

### 5.4.5.1　总费用法

总费用法即总成本法。在多次发生索赔事件后，重新计算该工程的实际总费用，减去投标时的估算总费用，即为索赔金额：

$$索赔金额 = 实际总费用 - 投标报价估算总费用$$

总费用法使用条件：①施工条件特殊，难以或不可能精确计算出损失款额；②承包人的该项报价估算费用是比较合理的；③承包人对已发生的费用增加没有责任。

### 5.4.5.2　修正总费用法

修正总费用法计算公式：

$$索赔金额 = 某项工作调整后实际总费用 - 该工作调整后报价总费用$$

主要修正事项：①计算索赔时段仅限于受到外界影响的时期，不是整个施工期；②只计算该时段受影响工作的损失，不是所有工作受到的损失；③计算时段内受影响的某项工作中，使用的人工、设备、材料等均有可靠的记录；④与该项工作无关的费用，不列入总费用中；⑤对投标报价时估算费用重新核算。按受影响时段该项工作的实际单价，乘以完成该项工作的实际工程量，计算调整后的报价费用。

### 5.4.5.3　实际费用法

实际费用法亦称实际成本法（又叫分项法），它是以承包人为某项索赔工作所支付的实际开支为根据，分别分析计算索赔值的方法。

实际费用法是承包人以索赔事项的施工引起的附加开支为基础，加上应付的间接费和利润，向发包人提出的索赔数额。

实际费用法的特点：①比总费用法复杂，处理起来比较困难；②反映实际情况，比较科学合理；③为索赔报告的进一步分析评价、审核，双方责任的划分提供方便；④应用广泛，逻辑上容易接受。

# 5.5　价格调整

## 5.5.1　价格调整计算方法

### 5.5.1.1　影响价格的主要因素

水利工程项目建设周期一般都比较长,项目实施期间物价波动对工程造价影响较大,引起价格变化的主要因素有以下几个方面:

(1)人工劳务费用和材料设备费用上涨;

(2)动力燃油费用价格上涨;

(3)国家或地方政策、法规的变化;

(4)汇率变化的影响;

(5)运输费用价格变化引起施工费用变化。

### 5.5.1.2　调价基准点

水利工程建设项目实施过程中,价格调整的范围广,在招标文件专用条款中对于可调价的项目应明确调价的基准点,即补差的基本价格或原始价格,以及用以计算税费的文件公布日期。一般以开标前 28 d 的立法状况或价格水平作为投标报价的依据,并作为价格调整的依据。

### 5.5.1.3　价格调整计算方法及适用条件

物价波动对合同价格调整常采用两种方法:调价公式法和文件凭据法。

调价公式法适用于社会经济信息健全,物价波动时有专业的机构发布物价波动的信息记录,包括材料、劳务、设备等。

文件凭据法适用于没有物价信息记录或一些突发事件造成的物价波动,如立法、法规的变化或调整。

## 5.5.2　调价公式法

### 5.5.2.1　调价公式

《水利水电土建工程施工合同条件》规定的调价公式为

$$\Delta P = P_0 \left( A + \sum B_n \frac{F_m}{F_{0n}} - 1 \right)$$

式中　$\Delta P$——需调整的价格差额;

　　　$P_0$——应支付的原合同均价(不含质量保证金、预付款的支付和扣回);

　　　$A$——定值权重;

　　　$B_n$——各可调因子的变值权重;

　　　$F_m$——各可调因子的现行价格指数;

　　　$F_{0n}$——各可调因子的基本价格指数。

### 5.5.2.2　采用调价公式应明确的事项

采用调价公式进行价格调整时,在招标文件专用合同条款中应明确的事项包括:

（1）确定可调因子。可调因子不宜太多，只确立对项目成本影响较大的因素，如设备、水泥、钢材、劳务等。

（2）测算可调因子的权重和定值权重。

（3）明确可调因子的价格指数来源。一般为工程所在地或物资采购地，采用其权威价格信息刊物作为价格指数来源。

# 5.6　施工组织管理

水利工程建设项目在实施过程中，现场施工组织的好坏对项目成本同样有较大的影响。可以从以下几个方面来加强现场施工组织，减少施工成本、增加项目收益：

（1）优化施工进度计划，满足合同工期要求；

（2）施工强度均衡，减少设备投入，节约管理成本；

（3）加强设备维护、保养，提高设备使用效率；

（4）完善施工工序衔接，缩短设备待机时间，减少人力资源、设备资源浪费；

（5）安全文明施工，杜绝安全事故；

（6）提高质量意识，减少返工；

（7）优化施工环节，减少资源浪费；

（8）积极主动控制，减少超挖超填；

（9）提高合同管理意识，全员参与，分解落实责任。

# 参 考 文 献

[1] 中华人民共和国水利部. 水利工程施工监理规范:SL 288—2014[S]. 北京:中国电力出版社,2015.

[2] 中华人民共和国水利部. 水利水电工程施工质量检验与评定规程:SL 176—2007[S]. 北京:中国电力出版社,2007.

[3] 中华人民共和国水利部. 水利水电建设工程验收规程:SL 223—2008[S]. 北京:中国电力出版社,2008.

[4] 中华人民共和国水利部. 水工建筑物岩石基础开挖工程施工技术规范:SL 47—94[S]. 北京:水利电力出版社,1994.

[5] 中华人民共和国水利部. 水利水电工程施工测量规范:SL 52—2015[S]. 北京:水利电力出版社,2015.

[6] 中华人民共和国水利部. 水利水电工程单元工程施工质量验收评定标准——混凝土工程:SL 632—2012[S]. 北京:水利电力出版社,2012.

[7] 中华人民共和国建设部,中华人民共和国国家质量监督检验检疫总局. 建筑地基基础工程施工质量验收规范:GB 50202—2002[S]. 北京:中国计划出版社,2004.

[8] 中华人民共和国建设部. 建筑桩基技术规范:JGJ 94—2008[S]. 北京:中国建筑工业出版社,2008.

[9] 中华人民共和国国家质量监督检验检疫总局,中国国家标准化管理委员会. 爆破安全规程:GB 6722—2014[S]. 北京:中国标准出版社,2015.

[10] 国家能源局. 水工建筑物地下工程开挖施工技术规范:DL/T 5099—2011[S]. 北京:中国电力出版社,2011.

[11] 中华人民共和国水利部. 水工混凝土施工规范:SL 677—2014[S]. 北京:水利电力出版社,2015.

[12] 中华人民共和国住房和城乡建设部. 混凝土泵送施工技术规程:JGJ/T 10—2011[S]. 北京:中国建筑工业出版社,2011.

[13] 中华人民共和国水利部. 水工混凝土试验规程:SL 352—2006[S]. 北京:水利电力出版社,2006.

[14] 中华人民共和国住房和城乡建设部. 混凝土质量控制标准:GB 50164—2011[S]. 北京:中国建筑工业出版社,2012.

[15] 中华人民共和国住房和城乡建设部. 混凝土强度检验评定标准:GB 50107—2010[S]. 北京:中国建筑工业出版社,2010.

[16] 中华人民共和国国家质量监督检验检疫总局,中国国家标准化管理委员会. 通用硅酸盐水泥:GB 175—2007[S]. 北京:中国标准出版社,2008.

[17] 国家能源局. 水工混凝土外加剂技术规程:DL/T 5100—2014[S]. 北京:中国电力出版社,2014.

[18] 中华人民共和国国家发展和改革委员会. 水工混凝土掺用粉煤灰技术规范:DL/T 5055—2007[S]. 北京:中国电力出版社,2007.

[19] 中华人民共和国住房和城乡建设部. 混凝土结构工程施工质量验收规范:GB 50204—2015 [S]. 北京:中国建筑工业出版社,2015.

[20] 国家能源局. 水工混凝土钢筋施工规范:DL/T 5169—2013[S]. 北京:中国电力出版社,2013.

[21] 中华人民共和国交通部. 公路桥梁板式橡胶支座:JT/T 4—2004[S]. 北京:人民交通出版社,2004.

[22] 国家技术监督局,中华人民共和国建设部. 沥青路面施工及验收规范:GB 50092—96[S]. 北京:中国标准出版社,1997.

[23] 中华人民共和国建设部. 普通混凝土用砂、石质量及检验方法标准:JGJ 52—2006[S]. 北京:中国建筑工业出版社,2007.

[24] 中华人民共和国水利部. 水利水电工程土工合成材料应用技术规范:SL/T 225—1998[S]. 北京:中国水利水电出版社,1998.

[25] 中华人民共和国水利部. 聚乙烯(PE)土工膜防渗工程技术规范:SL/T 231—98[S]. 北京:中国水利水电出版社,1998.

[26] 中华人民共和国水利部. 土工合成材料测试规程:SL/T 235—2012[S]. 北京:中国水利水电出版社,2012.

[27] 中国工程建设标准化协会. 聚硫、聚氨酯密封胶给水排水工程应用技术规程:CECS 217—2006[S]. 北京:中国计划出版社,2007.

[28] 中华人民共和国国家发展和改革委员会. 水工建筑物止水带技术规范:DL/T 5215—2005[S]. 北京:中国电力出版社,2005.